FUTURE HOME

フューチャーホーム

5Gがもたらす超接続時代のストラテジー

The Future Home in the 5G Era

ジェファーソン・ワン
ジョージ・ナジ
ボリス・マウラー
アモル・パドケ ——著
小林啓倫 ——訳
廣瀬隆治 ——監修

日本実業出版社

The Future Home in the 5G Era
by
Jefferson Wang, George Nazi,
Boris Maurer, Amol Phadke

Japanese translation published by arrangement with Kogan Page.

日本語版序文

アクセンチュア株式会社
ビジネス コンサルティング本部
ストラテジーグループ
通信・メディア プラクティス日本統括
マネジング・ディレクター

廣瀬　隆治

「DX（デジタルトランスフォーメーション）」という言葉が、ビジネスの世界で語られるようになって随分経つ。特に2020年は新型コロナウイルスが世界的に蔓延し、長期的かつ甚大な被害をもたらした一方で、ビジネスの世界のみならず、日常生活においてもDXがこれまでにないスピードで加速した一年であった。

具体的には、リモートワークにより在宅で仕事をする人が増えたり、ネット通販に加えて料理などのデリバリーサービスの利用が伸びたり、一部の規制緩和により遠隔診療のようなサービスが市民権を得つつあったりと、日々の暮らしの在り方がその前提条件を含めて抜本的に変わってきている。そして、新型コロナウイルスの状況が改善したとしても、その利便性や体験価値ゆえに、こうした多くの変化は不可逆的なものであろう。

新型コロナウイルスと時を同じくして、日本を含む世界で商用化を迎えた5G（第5世代移動通信システム）も、DXの流れの中で抜本的かつ不可逆的な変化をもたらす大きな可能性を秘めている。その中核は、通信技術としての正当な進化により、データ通信の効率性ともいえるビット単価が大幅に低減され、これまで費用対効果が成り立ちづらかったような動画像を中心とした大容量のデータ収集と活用が可能になる点であろう。ただし、この「大容量」を代表に5Gの通信技術の連続的な進化としてよく語られる「大容量」「超低遅延」「多接続」という三つの特徴のみに着目すると、5Gによる「DX」の可能性を見誤ることになる。

5Gの可能性について言及する前に、そもそも「DX」とは何かを考えたい。デジタル活用の文脈でよくされている議論だが、「そろばんを電卓に替える」類の連続的な技術進化や限定的な手段の置換は「DX」と呼ぶべきではない。もちろんそれはそれで価値があり、順次浸透していくものであるが、人々の生活や仕事の仕方、業界・市場構造といった大きな前提は変わらない中での断片的な技術の適用にすぎず、効果も限定的となる。こうした営みは、ビジネスの世界で期待されるような、市場の創造的破壊や新たな競争優位構築によって各企業の持続的な成長に資する真の「DX」にはなり得ない。

「DX」の本質は「ゲームチェンジ・ルールチェンジ」であり、対象の大小こそあれ、人々が当たり前だと思っているような前提条件を含めて、いかにして抜本的かつ不可逆的な変化をもたらせるかを企図すべきである。それゆえに、5Gについても通信技術単体に着目するだけではなく、AIやクラウドに代表されるような周辺技術との組み合わせ、さらには生活者を中心とした最終顧客の変容や各種規制動向を含めた市場変化の潮流を見極めることが重要であろう。言いかえると、社会/業界に内在する本質的な課題・余地に対して、5Gが進化する技術群と共にいかに抜本的な解決をもたらし、今とは前提条件が大きく異なるどのような未来が到来するかを描いた上で、自らその実現をめざすということが5Gを活用した「DX」の第一歩となる。そして、その着手タイミングは5Gがこれから本格普及する中、新型コロナウイルスにより社会/業界に内在する構造的な課題が図らずも浮き彫りになり、変革の機運が高まっている今こそが最適といえるだろう。

それでは具体的な5Gの可能性を一つ挙げよう。製造業を基幹産業とする我が国においては、少子高齢化に伴う労働力不足、特に熟練の技能労働者が退職・枯渇していくという問題は、大きな課題である。5Gは代替労働力としてのロボットの普及価格化に大きく貢献し、この問題を解決すると見込まれる。そのメカニズムは次の通りだ。

現在の高度な判断・作業を行なうロボットは、通信・インフラ技術の制約によって「頭脳」

を一台一台が持たなければならない状況にあり、これが価格を引き上げ、広範な普及を妨げている。一方、今後5Gおよび周辺技術が進化すると制約がなくなり、この「頭脳」を各ロボットが個々に持つ必要はなくなる。そして、クラウド側に配置された「頭脳」が、何十～何百台もの安価になったロボットを遅延なく統合制御できるようになる。もちろんロボットでは難しく、人間のほうが優れている作業も多く存在するため一概には言えないが、少なくとも人間がやらなくてもいい作業については、人件費に対して十分な価格競争力を持ったロボットが代替する――そんな未来がすぐそこまで来ているのだ。これは労働力不足という本質的な課題を解決し、製造業の在り方を抜本的かつ不可逆的に変えていくに違いない。

実際、建設機械業界で時価総額世界2位へと急成長している中国の三一重工は、中国政府が掲げる「中国製造2025」構想のもと、現在1台1000万～2000万円する自動運転フォークリフトを5Gおよび周辺技術を活用し、量産効果も合わせて1台100万～200万円と大幅に価格低減させた。そして、まずは自社工場で活用し、5年後に製造コストを半減させるという野心的な目標を掲げ取り組みを開始している。ロボットが人間とは異なり24時間稼働できることも踏まえると、人間よりも価格面と能力面で競争力のある労働力を供給できるようになる。結果、圧倒的な競争優位を形成し、新たな市場も獲得できるだろう。なお、同様の取り組みは中国に限らず、自国の製造業の国際競争力を強固なものにしたいと考えているドイツや米国でも進んでいる。

5Gの製造業における可能性の一例を紹介したが、5Gが引き起こす「DX」は産業向けに留まらない。3Gから4Gへの進化の中で、スマートフォンという周辺技術の普及と相まって、音楽コンテンツビジネスがCD等の媒体を介した売切型からサブスクリプション型のストリーミングサービスへと移行し、人々の音楽の楽しみ方を抜本的に変えたように、5Gもまた消費者の生活の在り方に変化をもたらすだろう。本書では、特に最終消費者である生活者の立場に立った際、その主たる生活の場である各家庭にどのような未来が到来するのか、その未来における5G活用の必然性は何かを紐解き、その実現に向けて関連事業者がとるべき戦略について考察するものである。本書を手にされた読者の皆様が、今後到来するであろう豊かな未来を想像し、そこにおける5G活用の可能性について思いを巡らせ、場合によっては皆様自身の未来に役立てていただけることを切に願っている。

最後に、本書の出版にあたって日本実業出版社に多大なる支援を頂いたことに御礼申し上げると共に、監訳の作業において、アクセンチュアのマーケティング・コミュニケーション部の中須藤子・佐々木雅子、ビジネスコンサルティング本部の同僚である中村健太郎・唐澤鵬翔・筒井亮介・田辺元・米重護らの尽力があったことを記して、日本語版序文の結びとしたい。

もくじ

FUTURE HOME　5Gがもたらす超接続時代のストラテジー

第2章 「超接続された世界」に暮らすさまざまなユーザーたち

第3章 ユースケースからビジネスケースへ

第4章 5Gが実現するフューチャーホーム

第5章 プライバシーとセキュリティ
――乗り越えるべき2つの課題

第6章 オーケストレーターにふさわしいのは誰か

第７章 アライアンスを広げるインセンティブ

第8章　機能するエコシステムの実現

第9章 フューチャーホームへの道

ブックデザイン｜志岐デザイン事務所（萩原 睦）
DTP｜ダーツ
翻訳協力｜インターブックス

イントロダクション

いまいる場所が「我が家」になる

――5G時代における「未来の家」

「我が家は心が集う場所（Home is where the heart is）」という諺がある。

この古い格言は、デジタルトランスフォーメーション時代にいっそう重要になる真実を伝えている。それは「我が家」がどこにでも存在し得ることを示しているからだ。ある空間や環境を「我が家」であると感じ、そこに感情的なつながりを認識しているのであれば、その物理的な場所は関係ない。

技術が高度に進んだ時代において、自宅にいると感じられるかどうかは、私たちを取り巻くデジタルサービスが提供する顧客体験の質に依存するところが大きい。立ち止まっているのか、それとも移動しているのかは関係ない。

たとえば、そうしたサービスがシームレスでユビキタスに提供されるようになれば、リビングルームのテレビで映画を見ている途中で、友人と食事に行くため鑑賞を中断しても、移動中の自動運転車のスクリーンで映画の続きを手軽に再開することができる。私たちは、四方を壁に囲まれていても、４つの車輪の上に乗っていても、「我が家にいる」と感じられるようになるだろう。

本書では、自宅とは「静かな避難所」であるという伝統的な概念が、近い将来、「どこでも我が家にいると感じられる」という新しい考え方に完全に取って代わられると想定している。

その中心となるのは、まもなく、私たちにとって「自宅」を意味するものが、高度でシームレス、かつインテリジェントな技術を通じて、どこへ行こうと素晴らしい品質で再現されるようになるだろうという発想だ。好みの室温や空気の質、お気に入りの照明シェード、エンターテインメント、教育コンテンツ、フィットネスや健康器具、ドアのセキュリティ設備、冷蔵庫の中身までもが、自動運転車やクルーズ船の中でも、リゾート地にいても、親戚や友人の家にいても、素晴らしい品質で再現されるのだ。自宅が、本質的な意味で、一日中、私たちを包み込む存在になるということである。

インテリジェントなモノの世界への変貌

こうした「接続性（コネクティビティ）」が、すでに今日、ある程度まで実現されていることを思い出してほしい。これから私たちは「超接続性（ハイパーコネクティビティ）」が最大限まで発揮される時代に突入するのだ。

社会の広い範囲でデジタルトランスフォーメーションが起きているという事実は、次から次へと押し寄せる新たなコネクティビティの技術によって、何の変哲もないモノの世界が、ネットにつながったインテリジェントなモノの世界へと変貌することを意味する。よく引き合いに出される「すべてのモノのインターネット（インターネット・オブ・エブリシング）」とは、まさにこのことだ。それが私たちの社会生活にもたらす価値は、膨大なものになる。

モバイルとデジタル技術のおかげで、私たちはすでに遠く離れた人と連絡を取り合うことができる。どこか遠くにいる人の状況や気分、健康状態をモニターでき、世界中、どこからでも共同作業に参加したり、さらにはロマンチックな関係を築くことすらできる。何世紀にもわたって「家」を意味してきたものが、新しい技術をベースとして高度にパーソナライズされたサービスで満たされた、場所に固定されることのない「超接続された（ハイパーコネクテッド）」ライフスタイルへと変化し始めているのである。

5Gが実現する「フューチャーホーム」

この新たに現われようとしているスリリングでエキサイティングな世界を定義するために、「フューチャーホーム（未来の住居）」という言葉をつくった（本書のタイトルにもなっている）。

この言葉の意味するところは、きわめて具体的でシームレスで高品質、真に人生を豊かにしてくれるデジタルサービスを実現する住居というものだ。

目の前に「フューチャーホーム」がある、と感じさせるものは何だろうか？　家がインテリジェントになり、周囲を認識し、理解し、予測し、さまざまなオプションを提供することが可能になる――そんな世界を実現する技術が登場してきている。

そうした技術のなかで主要な柱となるのが、無線通信規格の5Gである。5Gにより、ほぼリアルタイムの応答性（きわめて高い信頼性と超低遅延）、超高速（モバイルブロードバンド接続がさらに速くなる）、大量の機器類との接続（IoT、すなわちモノのインターネットが大規模になる）、そしてネットワークスライシング（回線を仮想的に分割し、それぞれを別の用途で使えるようにする技術）が実現する。あらゆる関連技術のなかで、これこそがフューチャーホームを実現する第1のドライバーになるだろう。

しかし、人工知能（AI）やエッジコンピューティング、高度なデータアナリティクスも同様に重要で、これらの技術は私たちが思い描いている優れた顧客体験を現実のものにしてくれるはずだ。5G接続によって、フューチャーホームの中で、その可能性が最大限まで引き出されるだろう。

こういった技術によって実現するフューチャーホームは、あらゆる職業や地位の人にとって、高度にデジタル化された生活の中心になると考えられる。超接続された家では、遠隔地にいる医師の診断を受けたり、ホログラムを通じて学校の授業を受けるなど、ディスプレイなどを介してさまざまなサービスが受けられるようになる。

また、進化したホームテクノロジーは私たちの先回りをして予測し、重要な会議に時刻通りに到着できるよう、途中で予期せぬ道路工事が行なわれていないかを確認してくれるだろう。そして、インテリジェントなキッチンは何日も前から、あなたの誕生日パーティーのことを考え、招待客たちに食べられないものはないかを質問し、その回答に応じて、彼らの好みに合う適切な量の食料を自動的に仕入れてくれるだろう。

新たな市場で成功するためのロードマップ

本書では、こうした大胆な「フューチャーホームの生活」の視点に立ち、ホームサービスのバリューチェーンを構成する幅広い分野における、新たな市場を最大限に活用するための実践的な事業戦略を解説する。

特に、フューチャーホームを実現するために克服しなければならない課題を、ビジネスの現場にいる方々のために説明しよう。同時に、重要なテーマとして、こうした新市場における機会を価値と利益に変えるためのロードマップと中核能力を解説する。

まずは、フューチャーホームの分析を、とある人物の一日を描くことから始める。第1章で描かれるこの人物は、デジタルサービスによって常にサポートされている。このような個人の一日を追うことで、フューチャーホームは住人の物理的な位置にかかわらず、ハイパーコネクテッドな生活を可能にする中心的な存在になるという私たちの見解を鮮やかに示すことができるだろう。

次に、視点を変える。1つのライフスタイルに焦点を当てることから、より大きな絵を描くことに移り、フューチャーホームの住人たちを類型化してみよう。そして、高度なホームテクノロジーが彼らをどう支えるのかを解説する。

そこで、第2章全体を、現代の社会人口統計学的なトレンドと、フューチャーホームのユーザー（さまざまなコンテキストにおける家族や単身者、若者、高齢者など）の姿勢や考え方の解説に費やす。この章で、ある重要な原則を実感するだろう。それは「フューチャーホーム市場への参入に関心のある企業は、まず人間のニーズ、欲求、夢に焦点を当て、それらに適合する技術スタックを構築しなければならない」ということだ。

これまで、有望な技術は個人が抱える問題を解決するためのソリューションであることが多く、マスユーザーの需要を喚起することができなかった。本書が提案する中心的な原理の1つは、需要や必要性を無視して新しい技術の驚異を人に押し付けるのではなく、人間を中心とした姿勢を貫く必要がある、ということである。

第3章では、第2章で取り上げた考え方のなかから、2つを詳しく見ていく。それにより、自宅での日常生活や先進的なヘルスケアがどのようなものになるかについて、全体像が把握できるだろう。第3章の解説は、フューチャーホームの技術がさまざまなユーザーのニーズにインテリジェントに対応できるだけでなく、家庭外のサービス提供者、さらには他のフューチャーホームとのコミュニケーションも可能にする必要があることを示している。

おおいなる不在 ―― 待望される役割とは

今日の「コネクテッド（ネットに接続した）・ホーム」（「スマートホーム」という言葉は、ここでは適当ではないので避ける）は、まだ初歩的なものだ。第4章で解説するように、それは「どこでも自宅にいるように感じられる」という体験には遠く及ばない。

さらに悪いことに、それが初期段階で停滞している原因には、「ニワトリが先か、タマゴが先か」問題がある。つまり、高品質で豊かな体験を提供してくれるサービスが十分になければ高度なホームテクノロジーへの需要は生まれないが、一方で、需要がなければフューチャーホームの開発を推進するようなビジネスケースも生まれないのである。

技術的にいえば、現在のコネクテッド・ホームは実力を発揮できずにいる。あまりにも多くの孤立したポイント・ツー・ポイントのデバイスソリューションが存在していて、それらを包括的にオーケストレーションする仕組みがないためだ。言い換えれば、それらを設定するのは面倒で、先ほどの誕生日パーティーの例（キッチン、カレンダー、Eコマース、アドレス帳が一体となって動作している）のような、シームレスな相互接続性や相互運用性を提供できずにいる。

このような混乱状態は、ホームテクノロジーの評判を悪くして、需要の拡大を妨げる。フューチャーホーム市場が軌道に乗るためには、サービス品質の向上と関連技術のオーケストレーションが必要だ。

デバイスやサービスが断片的に存在していること、そしてそれらをオーケストレーションする仕組みが存在しないこと、という問題に加えて、デバイスのコストやWi-Fi、ZigBee、Z-Wave、Bluetoothといった無線通信の規格が存在することで接続が断片化されている問題により、フューチャーホームの到来が妨げられていることを解説する。そして、これから到来する新たな通信規格である5Gが、いかにこの状況を変え、強力な統合役となってフューチャーホーム市場の起爆剤として機能するかを示す。

通信サービスプロバイダー（CSP）はなぜ信頼されるのか

自宅は、私たちがホームテクノロジーともっとも密接にかかわる場所だ。したがって、データプライバシーとデータセキュリティ、さらにはホームテクノロジーによって生み出された知性に課せられる倫理基準は、フューチャーホーム自体と同じくらい重要なものといえる。第5章では、このテーマに焦点を当てる。

それは、私たちの時代において最重要ともいえるテーマであり、フューチャーホーム市場の今後を左右する要因の1つである。ほんの数件の情報漏洩やリーク、ハッキング、データ障害が、ユーザーの信頼と先進技術を受け入れようとする意欲に大きな悪影響を及ぼすことは明らかだ。データセキュリティとデータプライバシー、そして倫理的に機能するマシン・インテリジェンスは、フューチャーホームの成功を左右する大きな要因である。

ユーザーには、自分のデータに対する絶対的な権限が与えられるべきであり、フューチャーホーム・エコシステムにかかわる通信サービスプロバイダー（CSP）やプラットフォームプロバイダー、デバイスメーカー、クラウドプロバイダー、その他のサードパーティーは、悪意のある人物からホームテクノロジーを守る、普遍的なセキュリティ基準の確立に向けて努力すべきである。

また、ユーザーの信頼に関しては、CSP（無線ネットワーク事業者や既存の電話会社、ケーブルネットワーク事業者なども含む）は、過去数十年にわたって重大な違反を起こすことなく、大量のセンシティブな個人情報を取り扱ってきた実績を持つほとんど唯一の存在であり、そうした信頼感を醸成するのに適しているであろう。さらに、彼らは5Gネットワークを段階的に導入しており、フューチャーホームを実現する主要な技術をコントロールすることになる。

高収益を手にするための改革

しかし、技術の断片化が発生している今日の家庭において、欠かすことのできないオーケストレーターになるには、どのアクターが最適なのだろうか？　第6章で示している答えは、やはりCSPだ。これほど信頼できる実績、数百万ものユーザーとの関係、重要な通信インフラストラクチャーの運用に関する長期的な経験を持つ存在は他にない。

とはいえ、フューチャーホームの時代にはCSPでさえ、従来の方法でユーザーにサービスを提供することはできない。より機敏で革新的、かつユーザーを中心に考える存在になるために、彼らには抜本的な改革が必要だ。さもなければ、ユーザーサービスとデータのオーケストレーターという、大きな収益の見込める地位を獲得することはできないであろう。抜本的な改革がなければ、彼らの多くは、その特権的な役割を担う他のプラットフォーマーに負けることになるだろう。このような徹底した改革に何が必要かも、本書で論じる。

もう1つ明らかなのは、フューチャーホームが膨大な量のデータと、家庭内の至るところで流れる情報を中心に構築されるという点である。そのため、ホームテクノロジーにかかわる企業は、プラットフォームを自ら構築するか、既存のプラットフォームに参加するかを選ばなければならない。プラットフォームだけが、ユーザーの情報を集めて、それを知見へと変換することによって自らを発展させ、最終的に豊かな顧客体験を提供するホームサービスを実現するのだ。

本書で注目するCSPにとって、この問題は生き残りをかけたものになるだろう。これまで縦割りの垂直的な組織構造のもとでハードウェアやサービスを提供してきたCSPのほとんどは、フューチャーホームにおけるデータフローの管理者になる準備がまだできていない。従来の役割のなかで彼らが行なってきたデータインフラの管理だけでは不十分だ。フューチャーホームのオーケストレーターという新しい役割の本質については、第7章で詳しく解説する。

規格の不統一により沈黙するデータ

全般的にいうと、ホームデバイスメーカーがデータをそれぞれ独自のかたちで保管していることが、大きな問題となっている。それにより、シームレスなサービスを共同で提供することが難しかっただけでなく、ニーズの変化に合わせて住宅全体が学習し、提供する機能をインテリジェントに発展させるために必要な情報をデバイス間で共有することができず、豊かな顧客体験を提供する家庭向けサービスの実現が妨げられてきた。

現状はそうした理想像からは程遠いが、フューチャーホームが提供する数十億ドル規模のビジネスチャンスが、この有望な市場にさらなる連携、相互運用性、協力をもたらすだろうと私たちは期待している。関係するすべての業界、そしてフューチャーホーム市場のエコシステムに参加するすべての企業は、顧客体験を向上させるために、ホームソリューション用に標準化されたデータを共有するというアイデアを検討すべきだ。

最後に、本書では旧来の技術やビジネスにおける慣習のハードルを乗り越える方法についても考察する。第8章では、フューチャーホームのデバイスと、それにかかわるさまざまなサービス、ハードウェア、ソフトウェアプロバイダー間の「データサイレンス（技術仕様やデータ構造の違いといった理由により、データの連携や活用が進まない状態）」を克服するために、CSPやその他のエコシステム参加企業が取り得る戦略を検討している。

また、この章では顧客体験を向上させる優れたホームサービスを実現するために、関連するエコシステムパートナーが共同で利用できる、標準化された「データリザーバー（さまざまな仕様のデータを保管可能で、かつ複数の企業が共同で利用可能なリポジトリ）」を構築する必要性を強調している。

そして、第9章では新しいフューチャーホーム市場で成功を収めるためにもっとも重要な戦略的ポイントを、関連するすべてのセクターの業界関係者が素早く、実践的に参照できるようにまとめている。

本書では、CSPだけでなく、フューチャーホームのエコシステムに参加するすべてのプレーヤー、すなわちデバイスメーカー、プラットフォームプロバイダー、アプリデザイナー、そしてフューチャーホームの住人に商品やサービスを提供するインダストリープレーヤー（小売業者、ヘルスケアプロバイダー、エンターテインメントプロバイダーなど）にも言及している。

基本的に、本書は関係するすべての企業に対して、次のようなメッセージを訴えている。

それは、コネクテッド・ホーム市場はまだ有望ではないように見えるかもしれないが、いまや劇的に変わろうとしている、ということである。5Gはフューチャーホームの分野に巨大なチャンスを生み出そうとしているが、多くの人が取り残されてしまうリスクもある。本書では、このチャンスを利用し、リスクを回避する方法を紹介する。

＊＊＊

このトピックが重要で、かつ幅広い分野に関係することから、市場では大きな動きが生まれている。その一例が、「コネクテッド・ホーム・オーバーIP（Connected Home over IP）」（2021年5月、「Matter」にリブランドされた）の設立だ。これはフューチャーホーム製品間の互換性を高めることを目的とした、新しい接続規格を検討するワーキンググループである。筆者は定期的に、新しい技術開発についてコメントしている。その主なものは、www.accenture.com/FutureHomeで確認できる。

第1章

未来の日常
——ある男の、ありきたりな一日

本書のメインコンセプトである「フューチャーホーム」は、今日の住宅におけるデジタル高度化に関する基準を根本から覆すものである。ほんの数年後には、私たちはインテリジェントなデジタル技術を駆使したライフスタイルを送るようになるだろう。「家」は、どこにでもあるものになるのだ。食事の準備から子どもの世話、リモートワークに至るまで、あらゆる点においてホームテクノロジーが常に人に寄り添い、多くのことを可能にするだろう。

それは、これまでとまったく違う世界だ。その仕組みを詳細に分析する前に、少し時間をかけて、その世界がどのようなものになるのか見てみよう。本章では、5G時代の「フューチャーホーム」を紹介する。

ハイテクパジャマで迎える優雅な目覚め

ここは北半球に位置する、とあるメガシティ。火曜日の午前6時30分を迎えたところだ。グローバルな保険会社に勤める41歳のシニアアンダーライター、ジョン・A・センチュアが、ふだん起床する時刻の約30分前である。

ジョンは独身だ。彼の寝室のデジタルコマンドノードは、すでにその日の最初の仕事を片付け、いまは太陽光発電のカーテンを滑らせて開けようとしているところである。部屋の埋め込み式ライトは、いつでも外の正確な日光スペクトルに合わせて、徐々に点灯するようになっている。穏やかな音楽が小さな音量で流れ始め、ジョンの心拍数に合わせたビートが徐々に増えていく。センサー付きのハイテクパジャマを着た彼は、分刻みで少しずつ深い眠りから目覚めへと向かい、寝室に溢れた太陽の光を見て、眠そうな笑みを浮かべている。

ベッド、パジャマ、ウェアラブルデバイスからのデータをもとに、「寝室ノード」はジョンの理想的な起床時間を計算した。その計算には、人間がもっともリラックスできるレム睡眠の最大値と、フューチャーホーム・システムの「モビリティノード」から受け取ったニュースが考慮されていた。いつもジョンが通勤に使っている自動運転のバスが、今朝は故障しているとの一報が入っていたのだ。

不測の事態にも遅刻の心配がないのはなぜか

これは、フューチャーホームが住人のために行なう数多くの決定の1つにすぎない。システムは、ジョンをいつもより30分早く起こし、通勤に余裕が持てるようにした。これなら歩いて市営鉄道の駅まで行き、4駅でバルボアパーク駅に着ける。ジョンがベッドから起きて窓の外を見ると、フューチャーホームの「中央コマンドノード」が自動的に拡張現実（AR）技術を使って窓ガラスに今日の天気、カレンダー、新しい通勤時間を表示する。続いて、駅までの経路も表示される。システムが100パーセント信頼できることを知っているジョンは、それぞれの決定を受け入れた。

さまざまなオプションのなかからどれを選べば良いのかという不安も、不測の事態にあわただしく調整を行なう必要もない。フューチャーホームが問題を先取りし、簡単なものはそれが発生する前に解決して、より複雑な問題については、先を見越してそれに対応するオプションを提示する。2年前にこのフューチャーホームに越してきたジョンは、そのことをよく理解していた。

バーチャルジムでの早朝ワークアウト

午前7時を迎えた。家を出るのはまだ1時間先だ。ジョンはワークアウト・ギアとスマートグラスを身に着け、2人の友人とオンライン上で行なわれるバーチャルワークアウトに参加する。

彼らは同じバーチャルジムに入り、チャットする。競争心を高めるために、それぞれが寝室から相手の燃焼カロリーのスコアボードを見ることができるようになっている。ワークアウトは、それぞれ個人に合わせて調整されたものだ。ジョンは手首の捻挫を治療中だったため、フューチャーホームの「フィジカルアクティビティノード」は腕立て伏せを避けて下半身のトレーニングに集中したほうが良いと判断した。

ジョンは、その日の「カロリー燃焼チャンピオン」になった。システムは、彼のワークアウトセッションのハイライト映像を用意して、彼の好きな音楽に合わせて再生し、最後に彼のスコアを表示した。さらに、システムは3人がともに参加しているSNS上のグループに、このクリップを投稿する許可をジョンに求めた。彼は単に「はい」と言うだけで、許可できた。

キッチンが提案する減量対策

朝のワークアウトの後、ジョンは歯を磨くためにバスルームに入った。フューチャーホーム・システムは室温を数度上げ、ジョンの好みの水温でシャワーを出す。床の体重センサーが「バスルームノード」にデータを中継する。ジョンの体重は、減量目標にわずかに達していなかった。

すると、浴室ノードはキッチンにそのデータを送信した。キッチンのアルゴリズムは、今週の朝のコーヒーから砂糖を抜くことを提案する。それにより、ジョンの体重は目標体重に達するはずだった。

ジョンの体が乾くと、彼のインテリジェントなクローゼットは2つの服を選んだ。その選択は、彼のカレンダーに登録されている仕事とプライベートなイベントに基づいている。彼がどちらにしようかと悩んでいる間、各部屋に組み込まれた対話型のアシスタントスピーカーが、朝のニュースを読み上げていた。

午前7時30分、ジョンはキッチンに入った。ロボットアームが彼の朝食を準備する。朝食は、週末までに減量目標を達成するため、栄養素とカロリー摂取量のバランスが調整されたものだ。

彼は、その週末の休暇をビーチで過ごす予定だった。

彼のバーチャルパーソナルアシスタントは、パターンマッチング技術、機械学習、自然言語処理を活用して、適切なタイミングで適切な情報を提供する。ジョンの行動を学習していて、いつ情報を渡すのが良いかを理解しており、彼がその日、最初の会議で会う予定の人物に関する、さらなる情報を提供した。

そして、彼が最初のコーヒー（残念ながら、砂糖抜きだ）を飲み終えたところで、彼の目の前には1か月前にこのクライアントと最後に行なった会議のホログラム再生が表示された。会議の映像は、ジョンのオフィスで撮影されたものだ。参加した全員がプライバシーステートメントに同意していて、議事録に代わるものとして、デジタルメモリキャプチャーを行なうことが許可されている。

掃除も洗濯もできる賢すぎる住宅

朝食が済むと、キッチンは家具を再配置してリビングルームに変形する。壁がライトアップされ、ジョンのデジタルアシスタントがその日に予定されている家事のチェックリストを表示した。

ポイント1：自動掃除機がカーペットを掃除し、その後、モップになってタイルを掃除する。
ポイント2：植物に毎日の水やりをする。月に一度の肥料処理の予定もある。
ポイント3：洗濯かごがいっぱいになりそう。フューチャーホームは衣類を洗濯し、乾燥し、たたむ前に、洗濯物をより正確に分けるため、ビデオアナリティクスを使って衣類の色、生地の種類、形を判断することを提案する。しかし、ホームは午後9時以降はエネルギー使用料金が安いことも指摘しており、ジョンはその時刻までこの作業を延期することにした。
ポイント4：春を迎え、花粉の飛散が例年より多いと予想されているため、新しいアレルギーの薬を注文して、今日中にジョンの宅配ロックボックスに届けてもらう。
ポイント5：フューチャーホームを出る前に、ジョンは毎日のビタミン剤と血圧の薬を飲むように注意される。そうすることで、「ヘルスノード」がジョンの主治医と保険会社に、彼が治療の指示を守っていることを証明する信号を送る。これにより、ジョンは毎月の料金割引を受けることができる。

通勤しながら「自宅」で楽しむゲーム

午前8時15分、ジョンの後ろで玄関のドアが閉まると、「ホームセキュリティノード」が起動する。自動的にドアの鍵が閉められ、家は省エネモードになった。

ジョンは通りを歩いている。フューチャーホームは駅まで歩いて10分と計算しており、電車の出発時刻である午前8時30分に間に合いそうだ。ジョンが歩くのに合わせて、お気に入りのポッドキャストと移動経路が、彼がかけているスマートグラスにストリーミングされる。拡張現実機能は、彼の目の前にある歩道にリアルタイムで最短ルートを重ねて表示し、駅まで案内した。

駅ではスマートグラスがジョンを正しいプラットホームへと誘導し、さらには自由席車両の止まる場所まで示してくれる。ジョンはポッドキャストを聞きながら列車に乗り込み、座席に座った。

しかし、その日のポッドキャストは退屈な内容だったので、ジョンはスマートグラスを押した。すると、レンズが暗くなり、周囲の環境から視界を遮る没入型のＶＲ装置に変化する。彼は、自宅のリビングルームをバーチャル空間で再現した場所に入り、仮想の壁につるされた大画面テレビで、マルチプレイヤーゲームを始めた。

今朝のワークアウトセッションに参加していた友人たちも、自動運転車での通勤中にゲームをしている。彼らはビデオゲームをしながら、互いにコミュニケーションしたり、明日の朝にどのエクササイズをするかを投票したりしている。

やがて、ディスプレイの左下隅に小さな数字が現われ、電車が2分後にバルボアパーク駅に到着することを知らせた。ジョンがデバイスを下に滑らせると、レンズが明るくなり、スマートグラスは通常の眼鏡に戻る。彼は電車を降り、オフィスへと誘導された。

マッチングサイトからの突然の通知とは……

いまやオフィスでは、フリーアドレスでデスクを共有するのが当たり前だ。ジョンはスマートグラスに導かれて、その日の仕事スペースである10平方メートルのエレガントな空間へと入った。ジョンのようなアンダーライターが働く場所は、デスクだけでなく、オフィス自体も毎日、変わる場合がある。従業員たちは、変動料金で貸し出されるオフィススペースのなかからもっとも手ごろなものを選ぶことで、コストを最小限に抑えている。

フリーアドレスでありながら、ジョンがオフィススペースに入ると、そこには必要なものがすべて揃っていた。それもフューチャーホームのおかげだった。フューチャーホームは、彼が自宅を出た後にどこで何をするのか知っていたのである。

その日の仕事場は、すぐに自宅の見慣れたワークスペースに変わり、亡き父や愛犬のベートーベンの写真が飾られている。ジョンが上着をハンガーにかけたときには、コンピューターシステムも準備が整い、最初のクライアントとのミーティングのためのファイルが開く。しかし、彼がモニターやキーボード、机に物理的に縛られることはない。彼が必要とするファイルに応じて、バーチャルな壁や窓には関連するプレゼンテーションやスプレッドシートが表示され、比較や推奨のための情報を得ることができる。ジョンはシートを閉じたり、プレゼンテーションを移動させたりするのに、最小限のハンドジェスチャーしか使わない。

最初の会議と電話は順調に進み、やがて正午のランチタイムを迎えた。ジョンの食事はいつも通りのバランスの取れた栄養で提供されるが、今朝は駅まで10分ほど余分に歩いたので、赤身のタンパク質の摂取量が少し増えている。もちろん、彼のフューチャーホームが手配してくれたメニューである。

ランチにかぶりついたとき、ジョンはマッチングサイトからの通知を受け取った。彼と相性の良いユーザーがバーチャルコーヒーを要求してきたので、ジョンはそれを受け入れることにした。

バーチャルコーヒーは、彼の多目的スマートグラスの中で行なわれる。彼がフォーマルウェアを着ているという事実は、問題ではない。バーチャルな存在として仮想デートに参加するため、何でも身に着けることができるのだ。彼は、ベージュのチノパンにスニーカー、体にフィットした紺色のシャツというコーディネートに決めた。

仮想デートの相手とは楽しい会話ができたため、ジョンは後日、直接、会う約束をとりつけた。彼は、ウキウキしながら仕事に戻った。

故郷の母との幸福なバーチャル散歩

午後6時30分、ジョンは自宅に戻った。日が沈むなかで、テレビ電話がかかってきた。母親からだった。ジョンは、再びスマートグラスを仮想現実（VR）モードにした。

20年前に夫を胃がんで亡くした彼女は、いまでもノスタルジーを感じるという。彼女は、ジョンをバーチャル散歩に誘った。ジョンはリビングのソファに座っていて、母親は何百マイルも離れた彼女の家にいるが、ホログラムコールを通じて、彼ら母子は郊外の通りに現われた。そこはジョンが子ども時代を過ごした街で、彼らの目にはジョンの父親が亡くなった頃の光景が映っていた。

母親が亡き夫の話をしているとき、ジョンは記録されている父親の記憶を見ることができないかと尋ねた。彼女が同意すると、2人は父親のホログラム（彼が亡くなる前に2人のために録画されていたバーチャルメッセージ）に迎えられた。そのメッセージは、誰にでも明日が保証されて

いるわけではないという事実、そして愛する人が突然、失われることがあるという事実を、ジョンに思い返させた。彼は、遠方に住む母親とこのような時間を過ごせることが、どれだけ幸福であるかを実感していた。

第2章

「超接続された世界」に暮らすさまざまなユーザーたち

前章では、独り暮らしの男性がフューチャーホームでどのような生活を送るかを見てきた。そこで示されていたように、5Gが実現するフューチャーホームのコンセプトは技術が主導するのではなく、技術が充足するニーズや欲求によって形成されている。

そうした新しい習慣や嗜好は、ライフステージや家族の状況、年齢によって変化する。したがって、デジタルトランスフォーメーションと「超接続されたライフスタイル」の時代におけるユーザーのさまざまな社会人口統計学的プロファイルを整理することが不可欠だ。

本章では、将来の「超接続されたライフスタイル」を形成する5つのメガトレンドと、この新しい世界に登場すると考えられる8つのユーザー・マインドセットを解説する。

超接続された時代の5つのメガトレンド

デジタルトランスフォーメーションの時代、「家（ｈｏｍｅ）」という言葉には多くの感情が込められ、広く解釈されるようになった。それが何を意味するにせよ、日常生活のための個人的かつ感情的なハブという、きわめてポジティブな意味合いを持ち続けている。それこそが、私たちに将来を考えさせ、究極的に「家」という伝統的な物理的境界の中だけでなく、ほぼどこでも「家」を利用できるという想像を働かせるきっかけとなった。

フューチャーホームに関する概念、物理的な現実、そしてホームテクノロジーについての分析を深めるためには、人間と住宅の関係を左右する可能性が高い5つのメガトレンドを検証しなければならない。そうしたメガトレンドから、５Ｇ対応のフューチャーホームのユースケースやビジネスモデルに関する最初のアイデアを抽出することができる。それらについては、本書の後半でさらに詳しく説明する。

メガトレンド1　ハイパーコネクテッドでハイパーパーソナライズされた日常生活

ここが出発点だ。社会の大規模なデジタルトランスフォーメーションによって、日常生活が急速に変化している。そして、進化する技術により、人は他人やモノと「超接続される（ハイパーコネクテッド）」ようになっている。自動車や電球、さらには脳波までもがつながり始めた。

そのつながりは無限の広がりを見せており、私たちが生きているのは、人間とあらゆる種類のデバイスの間で、これまでにないほど密なつながりが形成されたデジタルネットワークの時代となっている。調査会社のＩＤＣによれば、２０２５年までに４１６億台のＩｏＴデバイスが接続され、79・４ゼタバイト（ＺＢ）のデータを生成すると予想されている。[1]

このインターネット・オブ・シングス（ＩｏＴ、モノのインターネット）ならぬ「インターネット・オブ・エブリシング（ＩｏＥ、あらゆるモノのインターネット）」の時代は、私たちの生活や仕事、余暇の過ごし方に大きな影響を与えている。しかし、生活やヘルスケア、仕事、交通など、私たちに関係するさまざまな分野が私たちとますますつながるようになる一方で、それらの分野同士は互いにつながっていないことが多い。技術的には、現在、これらの分野は個別に進化しており、ユーザーはしばしば支離滅裂なサービスが生み出すカオス状態に押しつぶされそうになってしまう。

それらが適切に相互接続し、豊かな顧客体験を生み出す「超個別化（ハイパーパーソナライズ）」されたサービスを真に提供するためには、５Ｇやエッジコンピューティング、ｅＳＩＭ、人工知能（ＡＩ）といった技術によってデバイスを調和させる必要があるが、これらの技術はまだ

図 2-1 ▶ユーザーを中心とした「コネクテッド・サービス」のつながり

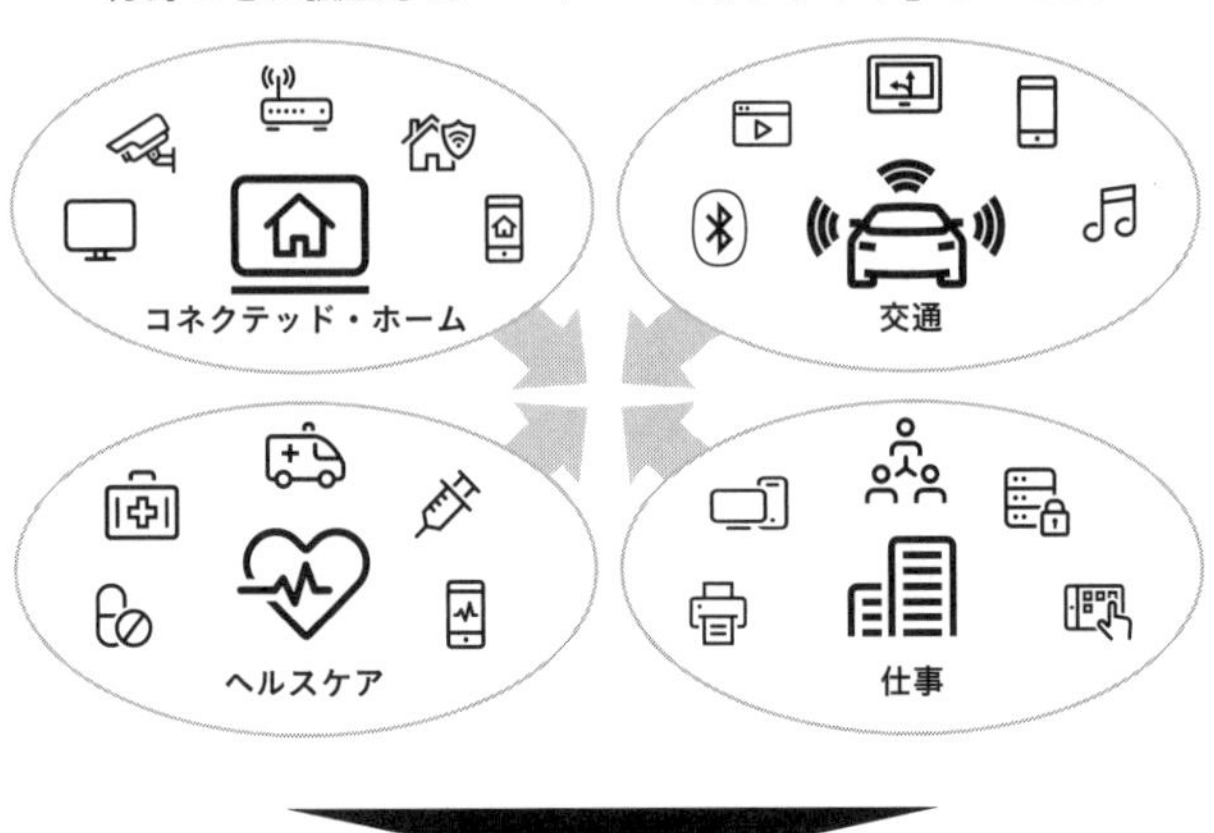

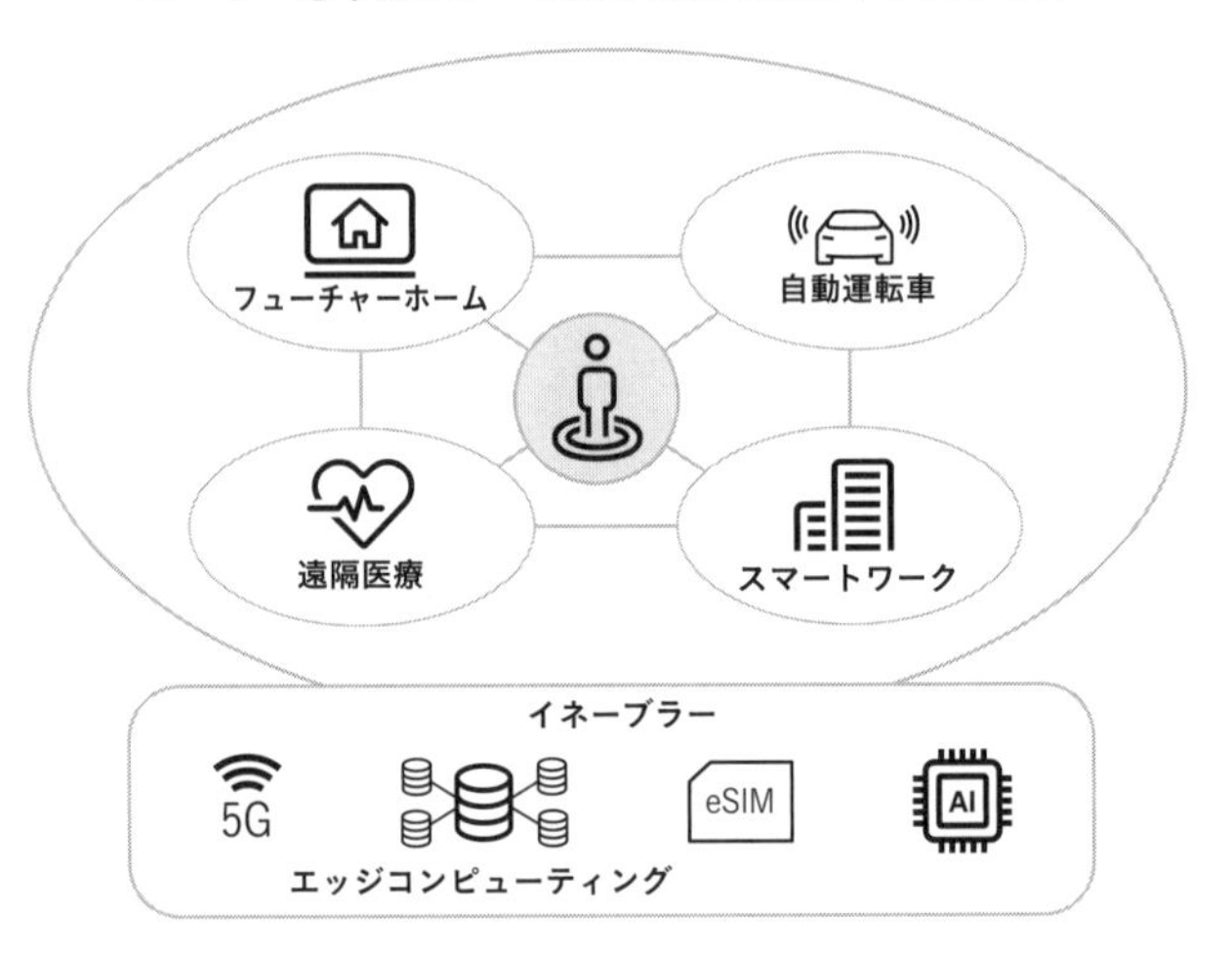

進化と普及の途上にある。

超接続されたライフスタイルが定着するなかで、人は以前よりも多くの場所を移動するようになった。デスクからデスクへ、部屋から部屋へ、あるいは都市、地域、国、大陸間の移動など、私たちは仕事やレジャーにおいて常に場所を変えている。

その際、ノートパソコンやスマートフォン、イヤフォン、スマートウォッチといった小型デバイスに助けられることが多い。これらのデバイスが、日々の生活を管理するための司令塔となるように進化していることを考えると、多くの人はすでに、それを一種の「家（ｈｏｍｅ）」と考え始めているのかもしれない。

若い世代はこの傾向をもっともよく示しており、年間35日間の休暇を利用して、旅行に出かけることも多い。[2] その結果、「家」という概念は曖昧になり始めた。つまり、壁に囲まれた空間やプライベートな空間だけを意味するのではなく、ネットワークに接続するデジタル技術によって可能になった、仕事やレジャーのための動的でモバイルな環境も意味するようになってきたのだ。

メガトレンド2　ミレニアル世代とZ世代――フューチャーホームをつくる中心人物

2番目のメガトレンドは、顧客体験、消費習慣、技術的嗜好について、まったく新しい考え方を持つ世代の登場である。それはミレニアル世代（1980年から2000年代半ばまでに生まれた人々）と、彼らより若いZ世代だ。これらの世代は、個人的な嗜好や住む場所のパターン、特定の技術に対する支持とホームサービスの選択を通じて、フューチャーホームを形づくる中心的な存在になるだろう。

米国では2019年、ミレニアル世代の人口が約8000万人となり、ベビーブーマー世代を抜いて、成人で最大の人口集団となった。[3] 世界的に見るとこの傾向はさらに顕著で、ミレニアル世代は14億人に達し、1994年以降でもっとも大きな人口集団になっている。[4]

人口の多さ以外で、この世代はどのような特徴を持つのだろうか？　重要なのは、ミレニアル世代とZ世代が都市部に住むことを圧倒的に好み、また近いうちにもっともお金を使う人々になるだろう、ということだ。

現在、世界には1860の都市があり、それぞれに少なくとも30万人の住民が住んでいる。[5] そうした都市は、主にミレニアル世代の都市志向のライフスタイルによって拡大している。現在、人口1000万人以上の「メガシティ」の数は33だが、2030年までに43に増加すると予測されている。[6]

人口密度が上がると、より機敏で信頼性の高い調整が必要になる。そして、この傾向は自宅での生活を管理するホームテクノロジーが増えることを意味している。より多くの人が集合住宅や小規模な住宅ユニットで暮らすようになり、暖房、水道、電気、ネットワークなどのサービスを共有することになるだろう。

そのため、個々の物件だけでなく、同じ集合住宅や同じ都市の一画での生活も含めて、魅力的なホームテクノロジーのソリューションを開発することが重要になる。したがって、多くの場合、フューチャーホーム技術は必然的にスマートシティ技術と重なることになるだろう。

ミレニアル世代とZ世代の購買力については、どうだろうか？　米国の労働市場では、2016年にミレニアル世代が最大のセグメントを占めるようになった。[7]　この傾向は、他の多くの国々でも見られるようになっている。そのためワールド・データ・ラボは、2020年までに世界的にミレニアル世代の購買力が他のどの世代よりも大きくなると予測している。[8]　この世代は、他のどの年齢層よりもフューチャーホームの技術的な利用方法やビジネスケースを具体化し、定義することになるだろう。[9]

第3の特徴は、ミレニアル世代とZ世代がフューチャーホームの原動力になることを示している。程度の差はあるが、彼らはデジタルネイティブだ。ミレニアル世代のなかでもっとも若い人々は、初めて一般に普及したスマートフォンであるiPhoneが2007年6月に発売されたとき、まだ子どもだった。そのため、彼らはデジタルのレンズを通してホームテクノロジーとサービスを見ている。たとえば、彼らはバーチャルツアーを利用して実物を確認することなく家を買ったり、担当者と実際に顔を合わせることなく、携帯電話で住宅ローンを申し込んだりする。[10]

新しい世代は、サービスの品質に関して、強いこだわりを持っている。アクセンチュアが26か国、2万6000人を対象に行なった調査によれば、コネクテッド・ホームサービスを契約している、または契約を予定している人のうち、71パーセントがCSPからコネクテッド・ホームソリューションを購入したいと考えている。[11]

さらに、55パーセントが現在の家庭内の固定回線アーキテクチャに基づく接続性の悪さを理由に、来年度にCSPを変更することを計画している。[12] このことは、CSPが新しい世代を正しく理解し、彼らを引き留めておくために、より良い仕事をしなければならないことを示している。

ミレニアル世代とZ世代の需要プロファイルに合わせて構築されたフューチャーホームの巨大なビジネスチャンスは、今後、ヘルスケアなどの分野にも広がっていくだろう。アクセンチュアのアンケート調査によれば、回答者の49パーセントが在宅医療サービスの提供者としてCSPを選択すると回答している。[13] また、30パーセントがフューチャーホーム環境でのバーチャルケアを希望しており、遠隔監視機能や映像を通じた診察への関心も高い。[14]

若い世代はデジタル技術の面で優れた医療機関を選ぶ傾向にあり、モバイルやオンラインで検査結果にアクセスできる医療機関を選ぶと答えたのは、ミレニアル世代では44パーセント、団塊世代では29パーセントとなっている。そして、電子処方箋の更新ができる医療機関を選ぶと答えたのは、それぞれ42パーセントと30パーセント。オンラインで予約の取得・変更・キャンセルができる医療機関は、40パーセントと19パーセントであった。

さらに、これらの世代で顕著なのが、遠隔医療コンサルティングや治療などの非伝統的なヘルスケアモデルを選び、一方でかかりつけ医を持つことや対面での診察といった従来型のモデルをやめようとしている傾向だ。彼らは、すでに新しいタイプの日常医療サービスを求めており、リテールクリニック（ショッピングセンターや薬局などに併設された簡易型の診療所）を選んでいるのは彼らの41パーセント、バーチャルケアプロバイダーでは39パーセントに達している。[15]

彼らの変化は、これだけにとどまらない。たとえば、彼らは仕事以外の時間を重視する傾向が強くなっている。

米国のホワイトハウスが若年層を対象に実施した調査[16]によると、このグループはX世代や団塊の世代と比較して、レクリエーションの時間を持つことや、新しい体験を見つけることといった人生の目標、つまりワーク・ライフ・バランスを重視する割合が大きくなっている。余暇時間の多くは、ソーシャルメディア上での体験や共有に費やされている。ミレニアル世代とZ世代は、インスタグラム、フェイスブック、ユーチューブ、ウィーチャット、スナップチャットといったソーシャルメディアを利用して育った最初の世代だ。

ミレニアル世代とZ世代が抱くユーザーとしての期待は、これまでの世代には見られないほど流動的だ。アクセンチュアが世界の小売業60社を対象に調査したところ、40パーセント近くがミレニアル世代のロイヤリティの欠如を最大の懸念事項として挙げた[17]。

しかし、若い世代の意識をより深く調査してみると、彼らも忠実な顧客になり得ることがわかった。ただし、それは彼らが適切な扱いを受け、自分たちに合わせてパーソナライズされたサービスを提供されている場合に限られる。彼らが求めているのは、ソーシャルメディアやチャットサービスを通じて、プロバイダーやブランドと交流する便利な方法だ。このことは、フューチャーホームサービスのプロバイダーや小売業者についても同様である。

したがって、今後20年ほどの間に、住宅は従来のコネクテッド・ホームサービスをはるかに超えて、高齢化やヘルスケア、ソーシャルコミュニケーション、地域社会とのかかわり、買い物、旅行、育児、仕事などの領域にまで及ぶ、さまざまなサービスの「ハイパーコネクテッド・ハブ」として発展していくだろう。

メガトレンド3　急速に高齢化する社会と「エイジング・イン・プレイス」

教育、生活の質、医療の進歩のおかげで、人はより長生きするようになっている。国連の「世界の推計人口」2019年度版によると、世界人口に65歳以上の人が占める割合は、2020年の9・3パーセントから2050年には15・9パーセントに増加する。[18] 2020年には世界の65歳以上の人口は7億2700万人を超え、これを1つの国だと考えると、中国、インドに次いで3番目に人口の多い国に相当する。さらに驚くべきは、2050年までに世界で65歳以上の人口が15億人を超えるという事実である。

これらの事実と、すでに問題を抱えている医療制度を合わせて考えると、「エイジング・イン・プレイス」は関係者にとって望ましい選択肢となる。エイジング・イン・プレイスとは、可能な限り長く自宅や希望する住宅で生活し、老いることと定義されている。2018年に全米退職者協会（AARP）が行なった調査によれば、高齢者の76パーセントがいまの住まいに可能な限り長く住み続けたいと考えている。[19]

こうした人口動態の変化に対応した医療および社会システムを実現するために、世界は大きな課題に直面することになる。デジタルデバイスに支えられた高齢者の健康と福祉は、指数関数的に重要性を増し、あらゆる種類のサービスプロバイダーに対して巨大な成長市場を生み出すことになるだろう。

図 2-2 ▶ 高齢化する世界[20]

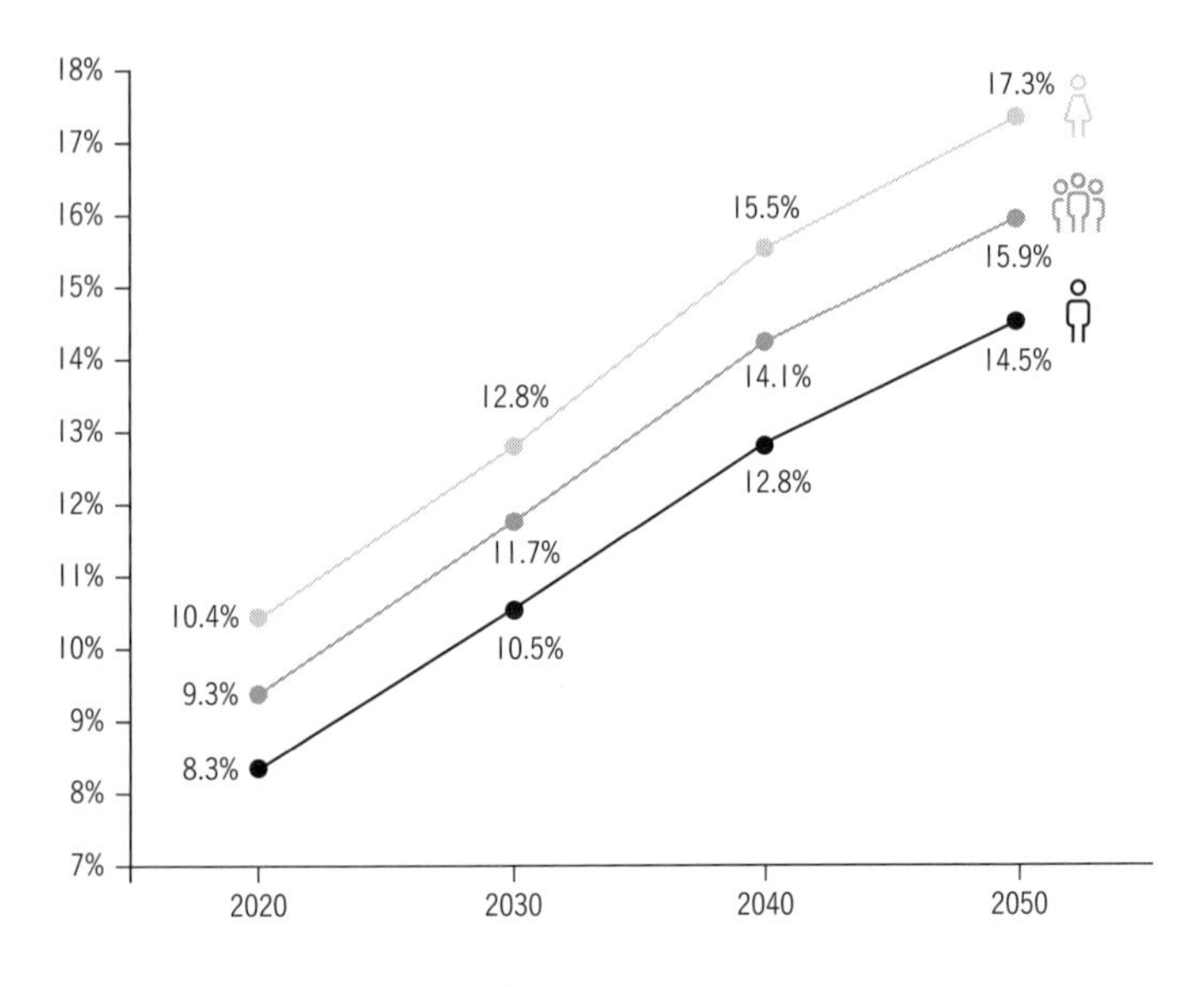

	2020	2030	2040	2050
A：65歳以上の女性の割合	10.4%	12.9%	15.5%	17.3%
B：65歳以上の男性の割合	8.3%	10.5%	12.8%	14.5%
C：65歳以上の人口の割合	9.3%	11.7%	14.1%	15.9%

この傾向は、本書で定義している他の社会学的メガトレンドと同様に、ホームテクノロジーの進歩を促す主要な推進力になると考えられる。私たちの調査で明らかになった若い世代の嗜好に沿って、将来のヘルスケアは大部分が自宅で行なわれるようになるだろう。エイジング・イン・プレイスを成功させるためには、モニタリングや安心感、ヘルスケアサービスを高齢者向け住宅に持ち込み、フューチャーホームへと変える必要がある。

しかし、それは単に遠隔医療や遠隔ケアサービスを可能にするだけではない。フューチャーホームは、高齢者が遠く離れた家族や親戚とのつながりを保ち、日常のなかで頭を使う活動を行なって脳を活性化させ、さらには社会に貢献する方法を発見し、新たな目的を見出す手助けをすることができるだろう。

メガトレンド4 DIY(自分でする)の衰退とDIFM(自分のためにしてもらう)の台頭

音声アシスタントやアプリ、API(アプリケーション・プログラミング・インターフェース)、AI、センサー、モバイル接続など、私たちが享受しているデジタルサービスや技術は、ユーザーのニーズを予測する能力を向上させており、デジタルサービスの体験をより豊かで身近なものにしている。しかし、ネットワークの速度、レイテンシ(コマンドと反応の間に発生するタイムラグ)、密度が向上するにつれて、求められる品質のレベルは、さらに高くなるだろう。その結果、人はサービスに対してますます口うるさく、移り気で、気まぐれになっている。この傾向は、特に家庭内で使用されるサービスに関して顕著だ。

同時に、一部のユーザーはＤＩＹ（Do It Yourself、自分でする）からＤＩＦＭ（Do It For Me、自分のためにしてもらう）の考え方に移行しつつある。

たとえば、筆者は部屋の掃除をロボット掃除機に任せている。家具メーカーに余分な料金を支払い、家具の配送や組み立てを依頼している。温かい食べ物を配達してくれるサービスにも加入している。犬を散歩させてくれる人を探すアプリを使っている。ブリティッシュ・コロンビア大学とハーバード・ビジネススクールが行なった実験によると、時間を節約するために40ドルを使った人は、何かを買うために40ドルを使ったときよりも幸福感を覚えたそうだ。[21]

しかし、現在のコネクテッド・ホームにはまだＤＩＹの要素が残っている。15分くらいかけてネット接続型サーモスタットの取り付け方説明ビデオを見てから、さらに30分から60分を費やして、実際にサーモスタットを取り付ける。新しいネット接続型ドアロックがスマートスピーカーに接続可能かどうかを判断するために、細かい文字を読んだり、調べたりして、時間を費やす必要がある。また、ネット接続型ライトをセットアップするためだけに新たなアプリをダウンロードしなければならず、電源が切れたときには複雑なＷｉ‐Ｆｉパスワードを再入力しなければならない。

フューチャーホームが普及するには、こうしたさまざまな手間を取り除く必要がある。5G時代のフューチャーホームでは、機器が届いたらすぐに使えるものになるだろう。

DIFM型のユーザーは、ほとんど意識することなく実装されているシームレスなサービスを期待する。ホームサービスは、単に「そこにある」ものとして認識され、ユーザーが追加のアクションを行なう必要はない。部品の組立ても、接続の手続きも必要なく、ホームサービスが先回りして考え、ユーザーが必要とするサポートを把握するようになるだろう。

もちろん、価値を重視するユーザー、つまり実際に使うことで慣れようとするユーザーは常に存在するはずだ。しかし、フューチャーホームの普及をめざすには、DIFM型のユーザーに向けて設計されなければならない。

メガトレンド5　デジタル空間における「一緒にいるのに孤独」

「一緒にいるのに孤独（alone together）」は、オクシモロン、すなわち矛盾する言葉をつなげた修辞法のように聞こえるかもしれない。しかし、これは単なる修辞法ではなく、社会の新しい現実になる可能性がある。

私たち人間は、基本的に社会的な存在であり、人間関係はコミュニケーションに基づいて構築される。では、コミュニケーションの本質とは何なのか？　それは、メッセージを伝えることだ。メッセージが誰かに届き、受け取られなければならない。さらに、もっとも重要なのは誰かに理解されることである。

問題は、メッセージを理解してくれる「誰か」が目の前にいつもいるわけではない、ということだ。誰もが語るべきストーリーを持っているにもかかわらず、その話にじっと耳を傾け、受け止め、理解しようと努めてくれる信頼すべき人は、そばにいるとは限らない。技術の進歩により、私たちはさまざまなグループとバーチャルにつながるようになったが、それはつまり、私たちが周囲の人とコミュニケーションをしておらず、関係も構築できていないことを意味している。

技術の進歩は、こうした人間の基本的な性質を補おうとするのではなく、同居している人でさえも分離させてしまう傾向がある。互いに注意を払うのではなく、むしろ外の世界と接触し続けるのだ。家族や友人と同じ部屋にいながら、みなが自分の手元にある画面に集中していることに気付いた、という経験はないだろうか？　それこそ「一緒にいるのに孤独」という状態だ。

周囲に誰かいたとしても、彼らと話したり、彼らがこちらの話に耳を傾けて共感してくれなければ、孤独を感じることがある。たしかに、技術は私たちを他人と結び付けたかもしれないが、それは目の前にいる誰かとの会話に取って代わった、ということである。この点に注意しないと、孤独感が蔓延する可能性がある。

こうした技術の傾向を見過ごすのではなく、それが逆に働くよう、フューチャーホームにおいてユーザーエクスペリエンス（UX）とサービスデザインの技法を駆使することは、大きな社会的・経済的価値を持つ。「一緒にいるのに孤独」状態に陥っていないかを監視し、家族における対面での会話を促したり、言い争いをなだめたりしてくれるフューチャーホームを想像してほしい。

より一般的な観点から考えると、新しい世代の人が過去を振り返ったとき、彼らはフューチャーホームが成功したかどうかを、私たちの社会生活を支え、それを代替するのではなく、向上させる力を持っていたか、という基準で判断するだろう。現在の一般的な住宅と同様に、フューチャーホームは住人に社会的意義を提供する必要がある。それは、最終的に愛する人、友人、知人たちとの交流や彼らとの深い人間関係に根ざしたものになるだろう。このことは、私たちが継続的に行なっている住宅およびそれを住人がどう捉えているかに関する調査から判明したことだ。

人は「家」をどう捉えているか——8つのマインドセット

現在のコネクテッド・ホームからフューチャーホームへと移行するには、克服すべき課題とそのために必要となる能力を理解することが重要だ。技術主導のＤＩＹから、人間を中心としたソリューションに焦点を当てた未来のＤＩＦＭへと転換するには、何が求められるのだろうか？

アクセンチュアの「フューチャーホーム」コンセプトは、人間を中心に据えている。それを実現するため、私たちはアクセンチュアが行なってきたフューチャーホームに関するリサーチを活用している。

２０１８年、フィヨルド（アクセンチュア・インタラクティブの一部で、デザインとイノベーションに関するコンサルティングを行なう企業）とアクセンチュア・リサーチ、そしてアクセンチュア・ドック（アクセンチュアの学際的な研究およびイノベーションのハブ）は共同で、世界の13地域（米国、ブラジル、英国、スウェーデン、デンマーク、フランス、ドイツ、イタリア、スペイン、中国、インド、日本、オーストラリア）から６０００人の参加者を集め、アンケート調査を行なった。[22]

その目的は、人が住宅の何を評価しているか、現在のコネクテッド・ホームの現実において、

図2-3▶家とテクノロジーに対する4つの姿勢

理想型　実務型

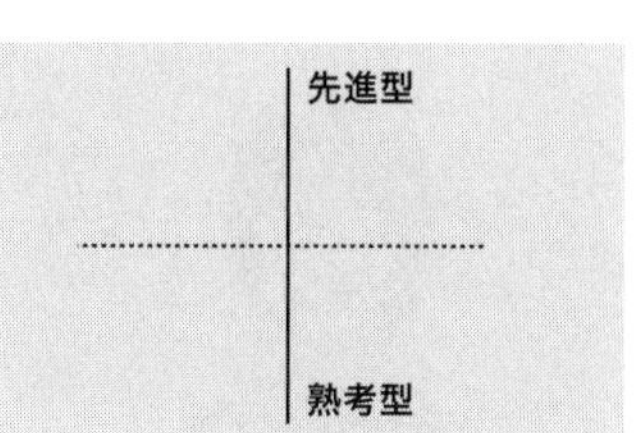

どのような新しい行動パターンが見られるか、そして人と「家」という言葉との変化する関係を、どうすればより良く捉えられるかを把握することであった。

この調査から、人が住宅やホームテクノロジーに対して抱いている考え方を明確に分類することができた。[23] そのカテゴリーを理解することは、個人によってニーズがどのように異なり、その異なるニーズが将来、どのような軌道を描くかを把握するのに役立つ。そして、企業がフューチャーホーム市場向けの製品を正しく調整して、ターゲットを絞ることを可能にするだろう。

私たちは調査に基づいて、人の「家」に対する姿勢をX軸（横軸）上に表わした。軸の片方には、住宅を自分たちのパーソナル・ブランドを明確に反映するものと考え、自分たちが暮らしていて楽しく、訪問客を感動させるような空間をデザインしようとする「理想型」タイプがいる。そして、もう片方にいるのが、より冷静な「実務型」タイプで、彼らは家族にとっての快適さや機能性、

図 2-4 ▶ 子どもがいる人の 4 つのマインドセット[24]

安全性を優先する。

その一方で、私たちは別の分類軸があることも発見した。それがY軸（縦軸）で、人の技術に対する認識と、技術を採用するに当たっての準備の状況を示している。軸の片方には、新たな製品やサービスのアーリーアダプターである「先進型」タイプがいる。彼らは、常に最新の技術を使うことを誇りとしている。その逆にいるのが「熟考型」で、彼らは他人が新しい技術を使って成功している姿を見て初めて、それに手を出して価値を認める。

これら2つの軸を使ってマインドセットを分類したところ、8つのタイプに分けられることがわかった。これらのマインドセットは、住宅に対する態度や行動を表わしていた。さらに、この研究では子どもがいる場合といない場合の2つの段階にマインドセットを分類した。

次の章では、これらのタイプのいくつかについて詳しく説明するが、ここではすべてのタイプについて概要を説明する。子どもがいる人の4つのマインドセットから始めよう。

マインドセット1　ドローン・ペアレンツ

ドローン・ペアレンツは、理想型の住宅を手に入れることに重点を置いているタイプで、人に「すごい！」と言われることを喜ぶ。技術を早い段階で採用しようとする先進型だ。このタイプの親たちは、コントロール、効率性、利便性、プライバシーを重視し、技術を使って家族のためにより便利な生活と、より安全なフューチャーホームを実現することの利点を明確に理解している。

このタイプは、「一緒にいるのに孤独」状態に陥りがちだ。あらためて説明しておくと、「一緒にいるのに孤独」とは家族が同じ場所で一緒に暮らしていても、各々が自分の手元にあるデジタル機器に夢中になり、共通の関心、活動、コミュニケーションの経路がなくなってしまうような状態である。

典型的なドローン・ペアレンツが採用する技術は、主に住宅をよりコントロール可能な状態にして、安全で、機能的で、プライベートを重視することを目的としている。彼らは、宅配で食品を注文したり、スマートスピーカーを使ったり、住宅を遠隔操作することを好む。彼らの生活をより良いものにするのは、インストールが簡単で、子どもたちのスクリーンタイムを管理することができるだけでなく、「一緒にいるのに孤独」問題を解決し、プライバシーを維持する技術やソリューションである。

マインドセット2　ヒップ・ペアレンツ

ドローン・ペアレンツとは対照的に、ヒップ（流行に敏感な）・ペアレンツは現実的な実務型で、楽天的な性格の社交家である。しかし、ドローン・ペアレンツと同様、彼らは先進型であり、技術に対する人の見解をリードする存在だ。

彼らは、技術の明るい面に目を向ける。クリエイティブでファッショナブルな雰囲気を求めているが、それは彼らのライフスタイルの一部であり、自分の家を流行の先端的な存在に仕立ててくれるすべてを大切にしている。ＤＩＦＭ型の便利さを求めてはいるが、第三者によって自宅に何らかの技術がインストールされる際には、安心感を得たいという思いが強い。

ヒップ・ペアレンツは、家族と良好なコミュニケーションを保ち、何の心配もなくリラックスできるような、革新的で社交的な住宅を求めている。子どもたちが騒がしくても、親はリラックスして地ビールやコンブチャを楽しめるような家だ。技術が重要になるのは、それが日々の生活をより満足できるものにしてくれる場合である。彼らは家の中で、オンラインコンテンツやエンターテインメント番組のストリーミング配信を楽しんでいる。

彼らの生活をより良いものにするのは、技術が実現してくれる適応性のある楽しい空間だ。それは物理的な壁の境界線を越え、子どものスクリーンタイムを監視して、家庭内にあるすべてのデジタルデバイスをシームレスにつないだ顧客体験を実現する。

マインドセット3　スマート・シニア

ドローン・ペアレンツが自分の家を話題の中心にしたいと考えているのと同様に、スマート・シニアも自宅を自分たちの個人ブランドの反映として扱うことを楽しんでいる。そのブランドは、彼らが何年もかけて築き上げてきたものだ。しかし、新しい技術に対して熟考型であるという点で、彼らはドローン・ペアレンツとは異なる。

スマート・シニアも、自分たちの高級住宅がホームテクノロジーによって支援されていることを人に見せつけたいと思っているが、技術に対して過度に依存することのないよう十分に注意している。彼らは、機能的であると同時に、豪華な技術を好む。

重要なのは、彼らの家が印象的で、高級で、刺激的であることだ。人生において、いかなる成果を達成してきたか、感慨にふけることのできる住まいでなければならない。

それと同時に、彼らは安心感を得たいとも考えている。そして、コントロールを保つことを重視し、他人とつながることと人生を楽しむことのバランスを維持したいと感じている。彼らは、自宅の安全を維持し、自分の健康状態をチェックして、幸福感を高めるために技術を活用するのである。彼らにとって、同居していない家族、特に孫との良好なコミュニケーションはきわめて大切だ。

彼らの生活は、技術への依存と、フューチャーホームによって一般化される可能性のある、より洗練されたヘルスケア・テクノロジー（それは、病院を訪れる必要を減らすことになるだろう）の間でバランスを取ることによって、改善される可能性がある。

マインドセット4　ソーシャル・シニア

ソーシャル・シニアは、独り暮らしをしているシニア層である。彼らは、技術に対しては熟考型であり、実務型の側面を持つ。安全性と快適性を求めており、信頼できる人物によって検証された技術を冷静に、機能的な側面から判断しようとする。

彼らは高齢だが、その日常は依然として忙しく、自宅をライフスタイルにふさわしい環境にしておくため、そして友人や親戚とのつながりを維持するため、さらには社会との連絡を取り合うために技術を使用している。

とはいえ、家の中で一人きりになる場面も多いため、ソーシャル・シニアはコントロール可能な独立した生活の維持を心配している。前述した「エイジング・イン・プレイス」は、彼らにとって特に大きな関心事だ。

したがって、彼らは他人とつながること、親切な隣人が様子を見に来てくれることで安心感を得たいと考えている。犬を飼うことも、同様に安心感につながるだろう。彼らは、できるだけ長く自宅で暮らせるように、若い親戚が遠隔カメラやセンサーで彼らを見守ることができるようにもしている。また、健康状態をモニタリングする機器類を活用して、自分の健康を管理している。さらに、ポッドキャストを聞き、ソーシャルメディアを使って最新情報を入手し、他人とつながっている。

彼らの生活は、彼らがより良いつながりを維持できるように支援し、ソーシャルメディアの利用を妨げる要素を排除することで、改善される可能性がある。不要な広告を制御するのも解決策なら、カーペットの掃除や床のモップがけといった日常的な家事（これもソーシャルメディアを通じて他人とつながることを妨げるものだ）を自動化することも解決策である。

図2-5▶子どものいない人の４つのマインドセット[25]

それでは次に、子どものいない人の４つのマインドセットについて考えてみよう。

マインドセット5 ムード・リーダー

ムード・リーダーは、自分たちの理想的な家が訪問客にも感動を与えるようデザインされていることを知ってもらいたいと考えている。また、彼らは最新の技術をいち早く取り入れ、利用することを誇りとする「技術の探検家」でもある。彼らが求めているのは、家庭、交通機関、健康、仕事など、さまざまな場面におけるエコシステムの超接続性、超個別化、相互接続である。

彼らはオープンで魅力的、刺激的で、見た目にも美しい住宅を求めている。そして、豊かな体験を提供し、喜びと幸福感を高めてくれる技術を重視しており、それらを得るために時間を割くことをいとわない。たとえば、スマートな環境照明を使って睡眠パターンを改善し、個人用のモニタリングデバイスやアプリを使って健康を保とうとする。彼らの生活は、夢を視覚化して現実にしてくれるような、より新しい没入型の技術によって改善される可能性がある。

マインドセット6　オンライン都会人

オンライン都会人は、先進型の要素を強く持っており、新しい技術を試すことに積極的で、住宅に対しては実務型の態度を取る。

仕事をはじめとして、家の外で活発に活動している彼らは、日々の利便性を高め、周囲とのつながりを保つための技術を高く評価している。自宅で最高の気分を味わいたいと考えている彼らにとって、快適さが重要であり、それは高品質で巧みに設計された製品やサービスが機能していることを意味する。

また、オンライン都会人は健康やフィットネスのソリューションを積極的に利用しており、それらに関する取り組みを自宅で実現し、より便利にしてくれるような技術に対する関心が高い。

彼らは、自分たちの家を清潔で落ち着くことができるだけでなく、スタイリッシュなものにしたいと思っており、そこには生活の質を高めてくれるものを含めて、さまざまな高級品が取り揃えられている。そして、余計な手間を避けるために、DIFM型の機器類を好む。彼らの生活は、ホームサービスや高品質な製品へのアクセスを可能にする、さらなる技術によって改善される可能性がある。

マインドセット7　誠実なコントローラー

誠実なコントローラーは熟考型で、新しい技術の採用はやや遅れがちだが、自信があり、効率を高めて自己改善を進めるために自宅を整理整頓しているという点で理想型だ。彼らは、健康とライフスタイルのニーズに合わせた住宅で過ごしたいと考えている。さらに、清潔で、組織化されていて、効率的で、自分たちの心と体、環境に関するコントロールが可能な住宅を求めている。

彼らは、自宅で仕事をする際にすでに音声アシスタントを使用していて、健康とフィットネスに関するアプリや在宅での仕事を快適に行なうためのさまざまな技術を利用している。そして、他人に邪魔される心配のないホームオフィスを所有していることが多い。シームレスな技術の統合、睡眠と健康のサポート、そして仕事と余暇のバランスを取るための技術が、彼らのさらなる助けとなるだろう。

マインドセット8　カオスなクリエーター

技術に関しては熟考型で、温かく、快適な住宅を望む点で実務型である彼らは、プライバシーを重視する一方、整理整頓には気を配らない傾向がある。ホームテクノロジーを利用するのは利便性を高めるためだが、それに投資するとなると消極的になるのが一般的だ。さまざまな作業に没頭しがちなため、来客を迎えるような特別な理由がないと、自宅の掃除や整理はおろそかになりやすい。

彼らは、物理的にも、バーチャル上でも、自宅で安心感を得たいと考えている。快適で生産的な家に住みたいと思っており、彼らは自宅で個人的な趣味の時間を過ごす。テクノロジーの助けを借りて自宅で仕事をし、食事を配達してもらい、お気に入りのストリーミング作品を見る。日々の仕事のリマインダー、部屋の掃除や整理の自動サポート、さまざまな活動に使えるフレキシブルなスペース、仕事と生活のバランスを管理するためのあらゆるかたちのサポートなどが、彼らの生活をより良くするだろう。

考慮すべき3つの主要テーマとは

以上の8つのマインドセットを検証していくなかで、3つの社会心理学的テーマが浮かび上がってきた。フューチャーホーム市場向けの技術、サービス、製品の提供者は、それらを念頭に置く必要がある。

1つめは、「アイデンティティ」である。これは、住宅という存在が持つ意味に影響を与える。2つめは「空間革命」で、これは今日の住宅における複数のニーズに焦点を当て、どこにいても我が家でくつろいでいるような感覚を得ることを可能にする。そして、3つめとして「技術への苦痛」が指摘できる。これは、人が新しい技術にどのように適応し、その過程でどれほど悪戦苦闘させられているかを意味する。

それぞれのテーマについて、具体的に説明しよう。

テーマ1　アイデンティティ

私たちが自分をどのように認識するかは、住まいに関係している。前述の8つのマインドセットが示しているように、私たちはみな住宅が何を意味し、それが個人にとってどのように感じられるかについて、明確な考えを持っている。安全性、快適性、管理可能性といったニーズに対して、それぞれ異なる見方をしているのだ。

それぞれのマインドセットにおいて「家（ｈｏｍｅ）」が何を意味するのか。子どもを持つこと、仕事を変えること、セミリタイアすること、祖父母になることなどのライフイベントによって、それがどのように変化するか、といった点に対して、フューチャーホームのデザインを適合させる方法を見つけることで、ビジネスチャンスが生まれるだろう。

住宅には、まず快適性が必要だ。快適性とは、友人や家族の写真にアクセスできることをはじめ、何も考えずに自分らしくいられる空間であるということも含めて、あらゆるものを意味する。ドローン・ペアレンツにとって、それは必要不可欠な要素をすべて備えたプライベートで安全なものでなければならない。スマート・シニアにとっては、自分の人生における成果が並べられている内省と自己認識の場だ。また、ムード・リーダーにとっては休息し、若返るためのユニークで楽しい場所である。そして、ソーシャル・シニアにとっては忙しい日々から一時的に避難するための、温かく居心地の良い場所だ。

次いで必要なのは安全性で、これは8つのマインドセットのすべてにおいて、幅広い支持を集めている。安全だと感じさせてくれるものは、必ずしも玄関のドアやハイテクのセキュリティシステムだけではない。楽しい環境のなかで、好きなものに囲まれていることからそう感じることもある。ヒップ・ペアレンツにとって、安全の概念は物理的なセキュリティシステムであり、家族に囲まれていることである。ドローン・ペアレンツにとって、それは物理的なセキュリティシステムと、一酸化炭素と火災を検知してくれる装置によって守られていることを意味する。スマート・シニアとソーシャル・シニアにとって、それは自宅のロケーションと近隣住民を意味する。

マインドセットが異なると、「コントロールできている」と感じる状態が意味するものも異なる。アプリやデバイスを持つだけで、そう感じる人もいる。一方で、コントロールできている状態とは、清潔で整然とした空間と、日常の単純な習慣を維持できることであると考える人もいる。ソーシャル・シニアにとって、それは友人や家族とつながっているスマートフォンを意味する。カオスなクリエーターにとっては、お気に入りのウェブサイトをチェックしながら、朝のコーヒーを飲むという儀式を行なうことだ。ムード・リーダーにとっては、生産性を高める音声アシスタントかもしれない。

テーマ2　空間革命

自宅における空間をどう使うかに関して、多くの技術が利用できるようになるにつれ、従来の考え方は消滅しつつある。部屋はますます開放的で、多目的な存在になり、食事や運動、睡眠、仕事など、さまざまな活動に使われる。「常に仕事中」という考え方と在宅勤務が一般的になったことで、自宅とオフィスの境界線が曖昧になってきたのである。

このようなニーズの変化に対応するため、住宅は流動的で、フレキシブルな存在にならなければならない。この技術主導の空間革命は、もはや物理的な境界には影響されない。自宅でコネクテッド・デバイスを使うことは、人が同じ物理的空間にいるだけでなく、サイバースペースのソーシャルメディアやデジタルツイン（リアル空間の情報をサイバー空間で再現する技術）を通じて、他の空間にも存在できることを意味する。

フューチャーホームによって既存の空間がより多目的になると、それは第2段階へと進化する。そして、住宅の一部や空き部屋が、一定期間、他人に貸し出すことのできる収益化可能な資産となる。

その後、フューチャーホームは「どこでも自宅になる」という最終の第3段階へ進化し、ユーザーを住宅の物理的な壁から解放する。これが真の「ハイパーコネクテッド」生活の実現だ。たとえば、自分で撮った写真や好みの設定を通勤で使う自動運転車に持ち込むことができるようになる。シエアリングエコノミー系のサービスを使って、出張中に自宅を貸し出したり、出張先のホテルの部屋に自宅の様子を投影して、自宅にいる感覚を味わったりすることができるようになる。

アイデンティティというテーマは、ここでもっとも重要性が明確になる。つまり、人間についての真の理解を活用して、5G、ビッグデータ分析、エッジコンピューティングなどの新しい技術を導入することは、住宅にとってのアイデンティティとそれに依存する住人のアイデンティティの感覚を、他の空間にも持ち込めるようになることを意味しているのである。

テーマ3　技術への苦痛

技術の急速な進歩は、自宅での生活に多くの利益と大幅な柔軟性をもたらす可能性がある。とはいえ、私たちには日常的な習慣を維持しようとする傾向があり、技術が大きく進歩しているにもかかわらず、日課を従来通りのローテクで行なうことが少なくない。ベッドの脇にあるアナログ時計のアラームを鳴らして目を覚ましたり、ストーブで湯を沸かしてコーヒーをいれるのは、日常的な習慣だ。電車やバス、自転車を使って通勤することも、犬の散歩や庭の手入れ、ランニング、テレビを見ることも、もはや硬直化した日課である。

私たちの日常は、すでに大量の先端技術に囲まれていて、それればかりに意識が向くと不快感や苦痛が生じて、複数のデバイスに混乱することにもなりかねない。5G時代のフューチャーホームにかかわる製品やサービスを提供する企業は、そうした技術を利用してユーザーの日常生活や習慣に関する顧客体験を向上させる一方で、こういった苦痛を理解して取り除く必要がある。

技術とソーシャルメディアは、自宅にいても外の世界と瞬時につながることを可能にする。メッセージアプリや追跡アプリ、ビデオ通話などが、それをさらに簡単にする。しかし、同時に、人を自宅や周囲のコミュニティから切り離すことにもなりかねない。そうなれば、人は決定的な影響を受けるだろう。

私たちは、少し立ち止まって、インテリジェント・デバイスが住宅や住人にもたらす苦痛に注意を向けなければならない。家庭におけるさまざまな顧客体験と技術のバランスを取ることは、ホームテクノロジーのプロバイダーにとって大きなビジネスチャンスになるだろう。私たちは、ともに協力して「一緒にいるのに孤独」状態を解決することができるのだ。

もう1つ、考えなければならないのは、セキュリティとプライバシーに関する問題だ。特に、いまや住宅において複数のデバイスが相互接続されるようになりつつあり、これは大きな問題になり得る。ホームテクノロジーのプロバイダーは、ユーザーとの関係のなかで、信頼を高めるための課題に取り組まなければならない。

本章で取り上げたトレンドやテーマは、フューチャーホームを取り巻く新たなビジネスモデルの方向性を考えるための基礎となるだろう。

本章のまとめ

1　「超接続（ハイパーコネクテッド）」されたライフスタイルの出現、若い世代のテクノロジーへの精通、そして「DIFM（自分のためにしてもらう）」という姿勢などのメガトレンドは、フューチャーホーム市場の今後を形づくることになるだろう。

2　フューチャーホームのユーザータイプを分類する場合、軸となるのは「理想型／実務型」、「先進型／熟考型」の2つだ。

3　フューチャーホーム市場をターゲットとする企業は、社会人口統計学的なユーザータイプを出発点として技術的な解決策を考えるべきであり、その逆をしてはならない。

第3章

ユースケースからビジネスケースへ

これまで、フューチャーホームにおける生活のあり方がいかに多様化するかを見てきた。社会人口統計学の観点から整理された各グループは、彼らのニーズに特化したサービスを支える、それぞれ異なる技術スタックを必要とするだろう。

したがって、さらに2つの家庭生活のシナリオを検討する価値がある。その1つは、誰かひとりではなく、家族全員が関係するもの（ヒップ・ペアレンツ型）である。もう1つは、高齢化と高度な在宅ケアに関係するもの（ドローン・ペアレンツ型とソーシャル・シニア型）だ。いずれのシナリオでも、フューチャーホームの技術は家族や個人のニーズ、好みを識別するだけでなく、家庭外のサービスプロバイダーや他のフューチャーホームともコミュニケーションを行なうのに十分な知性と応答性を備えていなければならない。

どちらのユースケースも、アクセンチュアの「5Gフューチャーホーム」チーム内において設計段階にある。しかし、すぐに現実のビジネスケースになる可能性が高い。

ライフシナリオ1　ヒップ・ペアレンツの家庭生活

郊外の戸建て住宅で、ある家族が午後のひとときを過ごしている。

ポールとスーザンは、3人の子ども――ウィニー（2歳）、イートン（6歳）、キャサリン（10歳）とともに、この家に住んでいる。騒がしい家の中とは対照的に、庭では自動草刈り機が黙々と仕事をこなしている。このマシンのおかげで、若い父親のポールはまだ幼い2歳の娘とかけがえのない時間を過ごせている。

彼は、ウィニーに数を教えているところだ。1から5までは問題ないが、6から10まではもう少し時間がかかるかもしれない。

子育てにおけるインテリジェント・アシスタンス

スーザンが、廊下から夫を呼んだ。ポールは妻のもとに向かう前に、ウィニーにパンダの姿をしたスマート玩具を与える。彼はパンダに向かって、「6から10までの数を教えてあげて」と依頼した。すると、この可愛いロボットはすぐに「こんにちは、ウィニー」と挨拶し、先生として振舞い始めた。それから、10色の棒が1本ずつ並べられていくビデオを再生し、数を数える音楽に合わせて、ウィニーに6番から10番の棒に触れるように促した。

手間のかからないプラグ・アンド・プレイ

その数日前、6歳のイートンは天井に向かってボールを投げ、不幸にもネット接続型の煙探知機とカメラを壊してしまっていた。デジタルアシスタントはその音を感知し、この2つの機器がオンラインでなくなっていることを認識した。

次に、デジタルアシスタントはカメラが撮影していた映像の最後の数秒間を分析し、ボールが高速でレンズに近づいていたのを確認した。そして、スーザンに両方の機器の交換品を注文するかどうかを尋ねた。スーザンが交換に同意すると、どちらも1週間以内にドローンで配送された。スーザンが、ポールに向かって言う。

「すべてのデバイスが1つの5Gワイヤレスネットワークに接続されているから、ラベルを読んで互換性を確認する必要はないの。プロバイダーとのプランを『フューチャーホーム・アズ・ア・サービス』モデルに変更しておいて良かった」

ポールが脚立を押さえると、スーザンが新しい機器を接続するために上って行った。

この作業にかかった時間は、たった45秒だった。スーザンが言った通り、このデバイスは簡単なプラグ・アンド・プレイに対応しており、電源に接続すればすぐに使える。彼らが暮らすフューチャーホームは、両方のデバイスを即座に認識してネットワークへの接続を許可し、家族が契約している「フューチャーホーム・アズ・ア・サービス」アカウントに追加した。交換された新しいデバイスは、接続された瞬間から、関係するすべてのハードウェアとソフトウェアコンポーネントとの通信を開始し、シームレスな顧客体験を提供する。

以上の対応が可能なのは、デバイスにスマートアルゴリズムが搭載され、ハードウェア業界全体で合意された標準プロトコル上で動作するからだ。ポールとスーザンは、面倒な作業が発生しないという点を評価し、こうした先進的なサービスに対する支払いを惜しまない。機器ごとに手動でＷｉ-Ｆｉ接続の設定を行なったり、複雑なセットアップ手順を経て、他のデバイスに接続するなど、時間をかけて製品の互換性を考える必要はない。

住人一人ひとりのことを知っている家

一方、キャサリンはそのときリビングにいて、デジタルアシスタントが彼女の存在を認識していた。さらに、デジタルアシスタントは彼女が宿題を終わらせたことも把握していた。彼女が仕上げた宿題を、学校のクラウドフォルダにアップロードするのを手伝ったからである。そこで、カメラ付きの音声アシスタント・デバイスを通じて、ゲームをしたいかどうか、キャサリンに尋ねた。

「中断したところから再開しますか?」

学校から帰宅する自動運転のスクールバスの中で、彼女はスマートフォンを使ってゲームをしていたのである。キャサリンがうなずくと、ゲームが始まった。部屋の壁全体に画面が投影され、キャサリンはゲームの中に入り込んだ感覚を覚える。彼女は、それで遊ぶためにゲーム端末をテレビに接続する必要も、配線や設定を気にする必要もない。

デバイスの交換が終わって、ポールはキッチンにやってきた。彼は、冷蔵庫から牛乳パックを取り出してグラスに牛乳を注ぎ、何も気にせずパックを空にした。フューチャーホームの「画像データ分析センター」に接続された光学センサー付きの冷蔵庫が、夕食の直前に配達される商品のリストに牛乳を追加してくれることを知っているからである。

そのとき、フューチャーホームのセキュリティシステムから報告が入った。

「耳先がカットされた(不妊手術済みの)野良猫が、裏庭に侵入しました」

冷蔵庫のドアに映し出された映像のなかで、野良猫が新しく植えられた花壇をトイレとして使おうとしている。フューチャーホームは、威嚇音を発して猫を追い払った。

「野良猫は出口へと向かいました」と、システムがポールに告げた。

その間に、スーザンは年に一回の基本的な健康診断を受ける。彼女は、フューチャーホームが指定した小さな部屋に入り、ドアを閉めた。すると、インタラクティブな壁に総合診療医の姿が映し出され、

「こんにちは、スーザン。今日の調子はどう?」

と、彼女に呼びかけた。脈拍や体温などのバイタルサインがリアルタイムで計測され、医師が見るデバイスに送信される。スーザンの体重は床のセンサーの圧力で、脈拍と血圧は彼女のスマートウォッチから、体温は部屋のセンサーから、それぞれ測定された。

ポールとスーザンは、フューチャーホームのすべてのサービスを束ねているCSPからこの基本サービスを購入している。「リモート・フィジカル(ベーシック)」パッケージは、CSPと彼らが契約している健康保険会社が提携して提供するサービスで、ユーザーの健康診断の結果が良好な場合に、保険料が割り引かれる仕組みとなっている。

「これで、診察は終わりよ。お話しした通り、ビタミンDの錠剤をドローンで届けておきますね。1年後にまたお会いしましょう」

医師がそう言って、スーザンの健康診断は無事に終わった。

自動運転車の中で再現される自宅

自宅で医師の診察を受けられることは、家族と過ごせる時間が増えることを意味する。スーザンとポールは、新しいテーマパークに子どもたちを連れていくことにした。

ポールがウィニーに準備をさせようと彼女のところに行くと、スマートパンダは10から15までの数字を彼女に教えているところだった。それはつまり、ウィニーが6から10までを完璧に覚えられたということだ。

「すごいね、ウィニー！　すぐお父さんの齢まで数えられるようになるね」と言って、ポールは幼い娘を褒めた。

一方、スーザンは家の中でボールを投げたイートンに小言を言ってから、キャサリンを没入型ゲームから呼び戻し、全員を自動運転車に乗せた。フューチャーホームは家族が出て行くのを感知し、自動的に鍵をかける。「今夜のお帰りをお待ちしております。家とその周辺は安全な状態です。それから、トイレを探している野良猫にも注意しておきます」と、自動運転車で出発した家族にシステムが告げた。ポールは、フューチャーホームの会話術とユーモアのセンスに感銘を受けた。

車の後部座席では、ウィニーが窓に映し出された拡張現実ゲームをプレイしている。そのゲームは、ウィニーにビルの数え方を教えたり、彼女が数えているもの（ドアや窓、建物など）のつづりを表示したりする。キャサリンは、先ほどプレイしていたマルチプレイヤーゲームの続きをしている。ポールとスーザンは、自動運転車がテーマパークへと安全に到着するまでの間、最短の待ち時間で楽しめるアトラクションのプレビューを見ていた。

家族がともに過ごす時間を育む

20分後、フューチャーホームは家族が個人で費やすスクリーンタイムの上限に達したことを察知した。この上限は、ポールとスーザンが事前に設定しておいたものだ。そのため、システムは自動運転車のすべての窓を使って、みなが一緒に遊ぶように設定する。5つのシートが回転して、自動運転車の中に自宅のリビングルームが再現された。家族は簡単なアナログボードゲームを取り出し、遊び始めた。

ライフシナリオ2　自宅で受ける高度な医療

ドローン・ペアレンツのカップルであるミンテーとスメイ・ワンには3人の子どもがおり、週末にはピアノのレッスンやサッカーの練習、演劇教室など、やることが山のようにある。仕事の忙しさに加えて、子どもたちの放課後の多忙な活動を考えると、ミンテーの母親で、子どもたちにとっては存命する唯一の祖母であるユーペイに会うため片道8時間もの旅に出る余裕は、文字通り、年に1回程度しかない。高齢の祖母は一人で暮らしていて、脳卒中を起こして左半身の機能が70パーセントしか回復していない状態で帰宅したばかりのため、ミンテーたちは心配していた。脳卒中の後、祖母は病院からリハビリセンターへと転院し、退院する前に大筋群の理学療法と、小筋群の作業療法を受けた。

自宅で「老いる」という選択

ミンテーとスメイは、祖母のもとを定期的に訪れるのが難しいことを認識しているが、ユーペイが「エイジング・イン・プレイス」、つまり介護施設ではなく自宅で「老いる」ことを望んでいるため、フューチャーホームを頼ることにした。ユーペイはソーシャル・シニア型で、精神的な衰えもなく、健康に暮らしている。脳卒中の後、彼女は「失った30パーセントの機能をカバーする方法を学びたい。そして、自分の家で自立した生活が送れるようになりたい」と語った。

ミンテーとスメイは、CSPであるコネクテッド・ライフ（CTL）の担当者にユーペイの状況を伝え、相談してみた。担当者は、保険適用されている「エイジング・イン・プレイス・5Gフューチャーホーム・ソリューション」が地元のリハビリセンターで提供できる、と答えた。

これはCSPが設置、管理、請求を行なうサービスで、保険提供者とのレベニューシェアが行なわれる。そして、このソリューションによって収集されたデータはリハビリセンターに送信され、医療リハビリテーションの観点からユーペイの日常が見守られる。

ミンテーとスメイ、そしてCTLは、家族の口座から定期的な支払いが行なわれるように手配し、プライバシーとセキュリティに関する同意書には、彼ら夫婦とユーペイが署名した。その後、ユーペイの家に「エイジング・イン・プレイス・5Gフューチャーホーム・ソリューション」のDIFM型設置の予約が行なわれた。これにより、彼女の家は5Gのフューチャーホームになった。

古い家を新しいニーズに適応させる

このソリューションは、センサー付きのロボット・アシスタント、映像解析機能付きカメラ、マイク、スマート・ピルボックス(薬箱)、エクササイズ・ミラー、コネクテッド・テレビで構成されている。毎朝、ユーペイが自宅で目を覚ますと、そこには歩行アシスタント・ロボットがいて、ベッドから出て体を安定させるのを助ける。このロボット・アシスタントは、5Gネットワークを介してコンピュータービジョンとAIをほぼリアルタイムで活用し、ユーペイの行動に反応してサポートする。

彼女は左足の70パーセントしか使えないため、自宅での生活に慣れるには、まだ時間がかかる。しかし、ミンテーとスメイは彼女が転倒する危険性は非常に限られており、万が一、転倒した場合でも、近くのリハビリセンターに即座に連絡が入って、助けを求めることができるので安心していられる。

「彼女は、驚くほどの速さで回復していますよ」と、医師がミンテーとスメイに隔週のビデオ通話で告げた。

「先日は、初めて地元のお店に出かけていましたよ」

家族と医師は、ユーペイの毎日の歩行距離をはじめ、体の安定性や動作のペースに関する測定値などがまとめられた進捗報告書を手にしていた。このデータはフューチャーホームにフィードバックされ、それに応じてフューチャーホームのシステムがロボット歩行補助装置を再調整し、ユーペイが体力を回復するにつれてサポートを減らしていくようにする。

先端技術が「執事」になる

ユーペイは、ロボット・アシスタントを「執事」と呼んでいた。一日が始まると「執事」は彼女の着替えを手伝い、前日の晩にクリーニングし、プレスし、畳んでおいた服を選んでくれる。

フューチャーホームは、彼女が服を着替えている間、過去24時間分のソーシャルメディアの投稿をバスルームの壁に映し出した。ジェスチャーや声によって彼女は「いいね！」やコメントを投稿したり、家族と連絡を取り合ったりすることができ、家族に彼女の最新の状況を伝える。

「今日は『執事』に、もうすぐクビにしちゃうかもって話したの。もう彼のサポートはいらなくなるだろうから」とユーペイは笑い、その言葉を文字に変換して、自身とロボット・アシスタントの自撮り写真を付けて、ソーシャルメディアに投稿した。

「でも、ここにいていいのよ、と彼には伝えておいたわ」

病気の兆候を検出するカメラとセンサー

歩いてトイレに向かうユーペイを補助し、その後、彼女の歯磨きもサポートすると、システムはシンクに設置された一連のセンサーを通じて、彼女の唾液を分析し、健康状態と何らかの病気の兆候を調べた。このデータはリハビリセンターに送信され、そこで自動スクリーニングが行なわれる。

その間、キッチンでは毎朝、届けられるオーダーメイドの食材を使って、朝食が準備されていた。映像解析機能付きカメラは、ユーペイがどのくらい朝食を食べるかを確認する。また、システムは5Gとエッジコンピューティング技術を活用して、彼女の咀嚼や嚥下に関する問題をほぼリアルタイムで検出する。脳卒中の再発にかかわるシグナルが発見される可能性があるからだ。

朝食が済むと、ユーペイは高血圧の薬と血液凝固阻止剤を飲むように促された。これらの薬は、スマート・ピルボックスが用量・用法を守ったかたちで用意しており、その情報は医師、保険会社、薬局などに送信されて、料金割引の可否を判断する材料として使われる。その後、ユーペイがエクササイズ・ミラーに目を移すと、パーソナルトレーナーの声が脳卒中からの回復用運動を案内してくれた。ミラーは作業療法、理学療法、認知テストの結果やデータをクラウドへと送信する。クラウドは運動の進捗状況を分析し、それに基づいてトレーニングルーチンを調整した。

やがて、エクササイズが終わると、ミラーは彼女の家族のチャンネルに画面を切り替えた。ユーペイは、ミンテーとスメイの家やモバイル端末、自動運転車、さらには孫の携帯電話から送られてくるさまざまな写真やメッセージ、動画、ライブ映像を楽しんだ。

本章のまとめ

1 現代の生活は忙しいため、人は日常的な作業を自動化し、現在の問題を解決し、将来のリスクを予測したいと考えている。このような要求に応えるためには、ホームテクノロジーが住人の真のニーズに合わせて調整され、効率的に機能しなければならない。

2 便利で手間のかからないプラグ・アンド・プレイ機能は、最適な顧客体験を生み出す。

3 慎重に検討したうえで適用されれば、技術は人を「一緒にいるのに孤独」にさせるのではなく、自宅で結び付けることができる。

4 フューチャーホームのユースケースは、「エイジング・イン・プレイス」に対応するなど、社会的な問題の軽減に役立つこともできる。

第4章

5Gが実現するフューチャーホーム

第1章と第3章で描いた例は、フューチャーホーム技術がさまざまな立場の人の生活に大きな恩恵をもたらすことを示している。しかし、このような可能性を現実のものとするためには、コネクテッド・ホームを実現しようとする企業がこれまで行なってきた試みの欠点を克服しなければならない。ハードウェアやソフトウェアの規格の乱立、ポイント・ツー・ポイント・アーキテクチャ、データの断片化によって、理想の前には高いハードルが置かれている。

しかし、まもなく、5GとeSIM、エッジコンピューティング、高度なアナリティクスなどの技術が組み合わされることで、これらの問題が解決され、フューチャーホーム市場が飛躍的に成長し、繁栄することができる。

本章では、5Gが単なる次世代の携帯電話規格というだけでなく、私たちの生活様式や産業全体を変革する力を持つ飛躍的な技術であることを説明する。そのためには技術的な解説を行なう必要があるが、読者にとって、フューチャーホームを実現する5Gの能力を理解するうえで参考になるだろう。

魅力的な顧客体験を阻む「デバイス動物園」

この10年間のデジタルホーム技術の発展は、包括的ではあったが、反面、幅広い市場に普及したコネクテッド・ホーム体験を生み出すことに失敗を繰り返してきた10年間でもあった。情報技術のアーキテクチャと接続性は、あまりにも断片的で、場当たり的なものだった。そのため、家庭内には単一の問題に焦点を当てたソリューションが寄せ集められ、無秩序なデバイスの集合体がもたらされた。これでは、消費者のＤＩＦＭというメガトレンドを満たし、広く普及する魅力的な顧客体験の基盤とはいえない。

現在では、自ら学習してユーザーの省エネ行動を支援する「コネクテッド・サーモスタット」が存在する。そして、カメラ搭載型ドアベルは安全を提供し、コネクテッド・ホーム・アシスタント・スピーカーは家庭における情報の入手を容易にしてくれる。家庭向けネットワーク接続ハブ・ソリューションのなかには、家庭内で使用される数種類のワイヤレス技術を統合することができるものもあり、高評価を得ている。

しかし、この「デバイス動物園」とでもいうべき状況は、決して楽観できないものだ。フューチャーホームの中で本当に素晴らしく、人生を豊かにする体験をつくり出すために、より効果的にデバイスを連携させる方法は、他に必ずあるはずだからである。

有利な立場を生かしきれないCSP

通信サービスプロバイダー（CSP）、プラットフォームやアプリのプロバイダー、ハードウェアメーカーなど、フューチャーホームの鍵を握るであろうプレーヤーを見てみると、マスマーケットへの進出の前に立ち塞がる主要なハードルをすべて克服している企業は、まだ登場していない。

イントロダクションで述べたように、CSPは家庭内で必要とされる変革の中心的存在となり得る。しかし、多くのCSPは適切なパートナーを見つけることなく、家庭向け製品の提供を開始している。CSPは、家庭への「ラストマイル（家庭とブロードバンドをつなぐ接続バリューチェーンの最終段階）」の接続を提供するプロバイダーという従来の役割、つまり非常に有利な立場からホームテクノロジー市場に参入していたことに注意してほしい。

また、CSPはユーザーと直接の関係を持つことから、大きな流通力を手にしており、信頼性と安全性の面で、ユーザーの信頼度ランキングにおいて、非常に高い評価を得ている。[1] それにもかかわらず、彼らがパートナーシップを欠いているのは、この有利な立場を活用できていなかったことを意味する。ハードウェアメーカーのような存在の協力を必要とするのは、設立から間もない企業であり、そうした協力者がいなければ、真に調和が取れ、適切なコネクテッド・ソリューションを提供することができなかったのである。

それとは対照的に、プラットフォームやアプリのプロバイダーが初期のホームテクノロジー市場に参入しようとしたとき、彼らはハードウェアとともに進出することで成功を収めた。当初、そうしたハードウェアの焦点は、ドアベルのような既存の家庭内機器にネットへの接続性を追加したり、デジタルアシスタントのロックを解除するコネクテッド・スピーカーのような、新しいデバイスを開発したりすることに当てられていた。ネスト（グーグルの傘下企業）のサーモスタットや、アマゾンのスマートスピーカーであるエコーを考えてみると、それは家庭内の比較的狭い問題を解決することに焦点を当てたソリューションという意味では、サクセスストーリーとして捉えられるだろう。

しかし、彼らにとって、ハードウェアは主なターゲットではなかった。こうしたプラットフォームプロバイダーは、新しいハードウェアを活用して、初期のホームテクノロジー市場でより多くのデータを収集し、そのデータを収益化するというビジネスモデルにつなげようとしたのである。こうしたプラットフォームは、適切なコンテクストを理解し、レコメンデーションを提供するために、多くのユーザーデータに依存している。

多額の投資を行なったアマゾンとグーグル

繰り返しになるが、プラットフォームやアプリのプロバイダーにとって、ホームテクノロジーのような新しい市場への参入は、莫大なコストを必要とする行動だったことを忘れてはならない。それを成功させるために、彼らはハードウェアを開発する能力を構築、または取得する必要があり、多額の投資を行なったのである。アマゾンはハードウェアの研究開発を行なう「ラボ126」という子会社を立ち上げ、グーグルはホームテクノロジーのスペシャリスト企業であるネストを32億ドルで買収した。[2]

しかし、そうした能力を社内で構築、あるいは買収によって獲得した後でも、ハードウェアの設計とエンジニアリング、ソフトウェアの開発とインテグレーション、ユーザーへのアクセス、流通チャネル、ネットワークなど、デバイスに関するさまざまな開発プロセスを可能にするためのパートナーシップが必要になる。そして、もっとも重要なのはプラットフォームプロバイダーは、まだパートナーシップを結んでいない他のデバイスやエコシステム上のデータにアクセスできないという点だ。初期の段階では、プラットフォームプロバイダーは、市場シェアを獲得するために製品開発に注力する。その副作用として、初期には他のデバイスとの情報共有に注力することが少なくなっている可能性がある。

シグニファイのオープンな戦略

最後に、純粋なハードウエアメーカーも、現在のコネクテッド・ホームにおいて苦戦している。テレビや大型家電のような伝統的な家電機器におけるビジネスモデルや業界の成熟が、コモディティ化をもたらしている。

彼らは、自分たちが成熟した市場に身を置いており、そこでは価格が数少ない差別化要因の1つとなっていることに気付いた。利益率が低下し続けるなか、選択肢がほとんどなくなったハードウエアメーカーは、既存のハードウエアを使って特定の顧客セグメントをターゲットにし始めたが、パーソナライゼーションの高度化やネット接続性などの機能の増加で、カメラ搭載型ドアベルなど、新しいユースケースの開拓が進んだ。あるいは、ネット接続型スピーカーのような、まったく新しい市場を創造した。しかし、彼らの真の問題は、従来のハードウエアやデバイスのメーカーには、ソフトウエアやエコシステムの開発に関する強力な能力がないという点だった。

CSPやハードウェアメーカーの隣には、プラットフォーム開発者やアプリ、コンテンツの管理者がいる。彼らの知見は、初期のホームテクノロジー市場から得られたデータに依存している。彼らが得られる報酬は、ごく限られたものだ。なぜか？ それは、デバイスメーカーがポイント・ツー・ポイント・ソリューションで独自のアプローチを追求したため、他のプラットフォームとデータを共有することがほとんどなかったためである。

照明器具、LED、照明ソリューションのメーカーであるシグニファイ（もとはフィリップス・ライトニングという社名だった）は、データをサードパーティーが利用できるようにする戦略を採用しているハードウェアメーカーとして、現在でもまれな例だ。同社はソフトウェアを開発し、データプラットフォームを構築することができる数少ない伝統的ハードウェアプレーヤーである。

シグニファイは、自社のハードウェア上で動作するサードパーティー製アプリケーションを開発できるように、データを公開するオープンなエコシステムを構築した。基本的に、このハードウェアは他のあらゆるコネクテッド・デバイスに接続して、データを提供することができる。これは、多面的なアンドロイドOSが全方向に対してデータを提供し、他のあらゆるコネクテッド・デバイス間の相互運用性を可能にするのとよく似ている。[3]

ハードウェアメーカーには、他にも選択肢がある。アップルの例にならって、ハードウェアの製造者がオーケストレーターとなり、共有データを誰が利用できるかを決定することもできる。あるいは、ブロックチェーン技術を利用したプラットフォームを確立し、もとのデータ作成者が個別に選択された第三者に対して、さらなるデータ利用の許可を与えられるようにする方法も考えられる。

ＣＳＰ、プラットフォームプロバイダー、ハードウェアメーカーが、それぞれどういう立場を取っていたのかにかかわらず、コネクテッド・デバイスのエコシステムに参加していたすべてのプレーヤーが、５Ｇ以前の時代における接続性の制約に縛られたままだった。

ほとんどの家庭では、Ｗｉ‐Ｆｉが一般的な無線接続規格となっている。ZigBeeやZ-Waveのような、Ｗｉ‐Ｆｉと同様に無線局免許を必要としないパーソナルエリア・ネットワーク技術も登場しているが、それらを利用する場合、各家庭内にすでに設置されているＷｉ‐Ｆｉゲートウェイに加えて、別のハブを必要としている。ハードウェアメーカーはこれを最大限に活用し、Ｗｉ‐Ｆｉや低消費電力のパーソナルエリア・ネットワークを「ベストエフォート型の」接続方法として利用しようとしてきた。しかし、Ｗｉ‐Ｆｉベースの技術は安価ではあるが、十分な信頼性や安全性を備えていないため、家庭において本当にプライベートで安全な顧客体験を提供することはできない。

このように、ネット接続の技術が断片化している状況は、データの流通と普及を阻害することもあった。データの普及は、ユーザーの行動を予測した質の高いサービスを提供するための重要な要素である。家庭内において機器類の相互接続が達成され、十分なデータが共有されるようになれば、データに基づく幅広い「観察」から、独自の結論を導き出すことが可能になるだろう。

庭木を揺らすのは、風か、不審者か

具体的な例として、フューチャーホームが「今朝の8時にはロボット掃除機を起動させてはならない」という判断を下すとしよう。その根拠となるのは、収集されたいくつかのデータである。

たとえば、シャワーがいつもの時刻に出ていない、サーモスタットの温度が通常より高く設定されている、夜中に誰かが寝室を歩き回った、コネクテッド・スピーカーが筋肉痛の相談を受けた、スマート・ピルボックスがイブプロフェンの服用を検知した、住人が働いている小学校の近くでインフルエンザが発生したと保健省が報告している、などである。

これらの情報から下される第1の結論は、その日、住人は病気にかかっている可能性があるため、掃除機で騒音を立てるのを一日か二日、先延ばしにしても良い、ということだ。そうすれば、この住人は通常のルーチンであれば起きていたであろう騒音に邪魔されることなく、ゆっくり休んで体力を回復させることができる。しかし、このように高度なデータの共有と関連付けを実現するには、関連企業に対して、ビジネスモデルのインセンティブとバリューチェーンのメリットが提供されなければならない。

CSP、ハードウェアメーカー、プラットフォームプロバイダー間の断片化に加えて、新しい技術がもたらす新たな問題も発生している。

たとえば、スマートドアベルは、風で庭木が揺れただけだったにもかかわらず、不審者が潜んでいると勘違いして、その映像を外出先（しかも、重要な会議中であるかもしれない）の住人に送り続けてくる可能性がある。あるいは、テレビ番組の音声でスマートスピーカーが誤って目を覚まし、赤ちゃんが寝ている横で大声で反応してしまうことも考えられる。

この他にも、以下に挙げる4つの障害が、コネクテッド・ホーム技術とサービスプロバイダーがユーザーの期待に応え、合理的で統合されたフューチャーホーム市場を発展させることを妨げている。5Gの助けを借りながら、これらの障害をどのように克服するかを理解するために、その内容を詳しく見ていくことが有益だろう。

障害1　高価なコネクテッド・デバイス

第1の障害は、イニシャルコストだ。コネクテッド・デバイスとそうでないデバイスでは、

表4-1 ▶コネクテッド・デバイスと非コネクテッド・デバイスの価格比較[4]

家電機器	非コネクテッド	コネクテッド	価格差	価格上昇率
冷蔵庫	$2,000.00	$3,500.00	$1,500.00	75%
ドアロック	$35.00	$150.00	$115.00	329%
電球	$2.00	$10.00	$8.00	400%
ドアベル	$16.00	$130.00	$114.00	713%
掃除機	$50.00	$500.00	$450.00	900%
コンセント	$1.00	$15.00	$14.00	1400%
サーモスタット	$14.00	$250.00	$236.00	1686%

価格に大きな差が出る傾向にある。表4−1でその例を挙げている。

まとめると、冷蔵庫からサーモスタットに至るまで、今日のコネクテッド・デバイスは、ハードウェアの種類にもよるが150〜2000パーセントほど高価になっている。そうした価格差は、正当化されることが多い。コネクテッド・デバイスにはプロセッサーやセンサー、AIソフトウエアなどの最先端技術やコンポーネントが組み込まれており、それぞれ高価であるため、製品の価格も高くなるのはやむを得ない、というわけだ。

しかし、成功したコネクテッド・デバイスが高い価格を維持することはないだろう。ユーザーがコネクテッド・デバイスは付加価値をもたらすと認識すれば、需要が増加し、規模の経済が機器の価格を下げると考えられるからだ。たとえば、いまやテレビはネット接続されていない製品を購入するほうが困難になったため、表には記載されていない。仮に、そうしたテレビを見つけられたとしても、コネクテッド・テレビと比べた場合の価格差は、ごく小さなものだろう。

しかし、規模の経済を達成するための明確なバリュープロポジションが実現できるかどうかは、すべてのデバイスで提供されるサービスを調和させる、効率的なオーケストレーターしだいである。そうしたオーケストレーターによって、コネクテッド・デバイスはよりスマートな住宅の一部となり、さらにはより自動化された住宅が、そして最終的にはフューチャーホームが実現されるだろう。そうしたフューチャーホームは未来を予測し、住人のことを考え、彼らがどこにいても、くつろいだ生活を実現してくれる。

障害2　複雑なセットアップ

第2の障害は、不便さである。今日のホームテクノロジーの世界では、自分の家に合わせた製品の組み合わせをつくるのは容易なことではない。デバイスごとに必要なセットアップが異なり、プラグ・アンド・プレイはまったくといっていいほど実現していない。

アイコールが発表したレポート「消費者と製品エクスペリエンスに関する360度評価」に

よれば、ユーザーは製品のセットアップとカスタマーサポートへの問い合わせに、平均して2・5時間を費やし、コネクテッド・ホームに関するセットアップの問題を解決するまでに、3人の異なる担当者と話をしている。[5] コネクテッド・ホームは、私たちの生活をシンプルにすることを目的としているが、そのセットアップはDIYの作業のようなもので、非常に複雑になる可能性がある。

また、市場調査会社のパークス・アソシエイツが発表したレポートによれば、スマートホーム・デバイスの所有者の28パーセントが、セットアップ作業を「難しい」または「非常に難しい」と評価している。[6] 同レポートは、DIYでセットアップしたユーザーに対して、今後のデバイスの設定方法を尋ねているのだが、（コストに関係なく）41パーセントが何らかの技術的な支援を希望すると回答している。

言い換えれば、ユーザーはDIYよりもDIFMを望んでおり、特にフューチャーホームではその傾向が強いということだ。第2章でも取り上げたように、アクセンチュアが13か国で6000人以上を対象に行なった調査によれば、コネクテッド・ホーム製品やサービスを利用するユーザーのうち、自分のことを新しい技術や製品、サービスを他者に先駆けて積極的に採用する「エクスプローラー」と考えているのは、25パーセントにすぎない。

また、同じ調査によると、ユーザーの63パーセントはトレンドに遅れて参加するナビゲータータイプである。彼らがフューチャーホームでの暮らしを選択するのは、さまざまなことが楽に行なえるようになり、他人によってそのメリットが証明されていて、さらに誰かがセットアップしてくれる場合のみだ。[7]

そのため、今日のコネクテッド・ホームは技術の普及プロセスにおける初期の段階、つまりパイオニアのみが参加する段階を抜け出せておらず、マスマーケットへの進出に苦労している状態といえる。

障害3　断片化したバラバラな技術

フューチャーホーム市場の発展を阻む第3の障害は、技術の断片化だ。歴史的に、家庭におけるネット接続性は、特定のユースケースを解決するために構築されてきた。そのため、各家庭にはさまざまな技術や規格が導入された。デバイスによって規格や周波数帯、データレートは異なり、電波が届く範囲や電力の使用量、かかるコストも違う。

今日のコネクテッド・ホームでは、Ｗｉ‐ＦｉやZigBee、Z-Wave、セルラーといったいくつかの無線規格が横並びで存在しており、それらは統合されていない。使用されている通信プロトコルや技術プロファイルはあまりに多く、互いに通信やデータ情報を共有していないため、シームレスなフューチャーホーム・ソリューションの普及を妨げている。

こうした手間のかかる状況では、ユーザーにバリュープロポジションを売り込むことはできない。優れた顧客体験を実現するためには、ホームテクノロジーがフューチャーホーム内で起きるすべてのことを感知し、理解し、そこから学んで行動することができるようにならなければならない。

そのためには、人工知能（AI）などの先端技術が必要になる。本書において、AIとは機械やシステムが感知し、理解し、行動することを可能にする技術の集合体を意味する。そうしたAI技術には、パターンマッチングや機械学習、コンピュータービジョン、自然言語処理、アナリティクスなどがあるが、これら以外にもさまざまなものがある。ただ、このように高度な技術を実現するためには、幅広いデータフローと大量の非構造化データや構造化データへのアクセスが必要になる。

そうなると、ユニバーサルな接続性を実現する必要が出てくる。それは、現在、5G標準というかたちで現実のものになりつつある。すべてのデバイスやサービスが、簡単に相互に通信し、データを共有できるようになれば、コネクテッド・ホームを「フューチャーホーム」にするための道筋が見えてくるだろう。

障害4　Wi-Fiの弱点

フューチャーホーム市場を成功させるうえでの第4の障害は、今日の家庭におけるWi-Fi無線標準の普及である。この無線技術は、一般に有料の家庭用ブロードバンド接続、いわゆる「ラストマイル」回線において使用される。ラストマイル回線は、一般的に同軸ケーブル、光ファイバー、または銅線ベースの非対称デジタル加入者線（ADSL）で構成され、最終的にはすべてコアネットワークに接続される。

Wi-Fiアーキテクチャにはいくつかの問題点があるため、5Gと比較して技術的な信頼性が低く、場合によっては安全性も低くなる。たとえば、免許不要の周波数帯が無料で利用できることは、人口が密集している都市部や集合住宅などでは不利になる可能性があるということだ。そのような地域では、多くの利用者がWi-Fiの周波数帯を奪い合い、利用可能なチャネルを占有し、システム全体の速度を低下させ、さまざまなデバイス間での干渉が生じかねない。最新のWi-Fi6とWi-Fi HaLow規格でさえ、輻輳や干渉の問題が発生しやすい。Wi-Fi HaLowでいえば、コードレス電話、照明制御装置、拡張現実機器など、他の複数の家庭用機器と帯域幅を共有しているため、干渉を受ける可能性があるのだ。

Wi-Fiには、さらに欠点がある。たとえば、電源が切れると、再び電源がオンになったときに、すべてのWi-Fiデバイスが自動的に再接続されるとは限らない。今日のコネクテッド・デバイスは、すべて異なるメーカーによって製造されているため、デザインやアンテナ配置、コンポーネントの品質が異なるためだ。

5Gが普及しても、テクノロジー機器が自律的にサービスを再開することが100パーセント保証されているわけではなく、電源が切れた後にそれ以上のリセット動作が行なわれることはない。

もう1つのWi-Fiのデメリットは、接続する距離が短いことだ。前述のように、Wi-Fiは通常2.4G～5GHzの免許不要の帯域を使用する。つまり、Wi-Fiの信号は短い距離しか届かないため、家庭内の一部にWi-Fiの「デッドゾーン」や非常に弱い信号しか届かないエリアが発生してしまう。

さらに、Wi-Fiブロードバンドモデムルーターが最新のハードウェアやソフトウェアで更新されることはめったになく、ハードウェアの老朽化や、それにともなうデータセキュリティ上の脅威を引き起こすことになる。

データがWi-Fiネットワーク上を移動するのは、デバイスとルーターの間のみだ。データはその後、固定回線ネットワークに送られる。そのため、特にラストマイルの接続がレガシーな電話回線（銅製でボトルネックとなる）である場合、サービスの速度が制限されて、その影響を受けてしまう。庭師が庭を掘っていて、ブロードバンド回線を切断してしまう恐れさえある。

完全なWi‐Fi接続をうたうデバイスもあるが、実際の接続はそのようには機能しない。

最後に、Wi‐Fiの応答時間が比較的、長いことも問題だ。

たとえば、インターネットサービスプロバイダー（ISP）は、インターネットに接続するために長距離のファイバーネットワークプロバイダーや相互接続プロバイダーと提携したり、彼らから回線をリースしたりする必要がある。大部分のWi‐Fiホームソリューションでは、スマートフォンのアイコンをタッチするか、スマートスピーカーを介して自分の声をコントローラーとして使用する。その信号がコネクテッド・デバイスに到達するまでには、多くのハンドオーバー・ポイントを通過しなければならない。そのため、従来のWi‐Fi接続では待ち時間（レイテンシ）が長くなってしまうのである。

スマートスピーカーの音声アシスタントに部屋の明かりを点けるように指示してから、そのアクションが実行されるまでに数秒以上かかるのはなぜだろう、と疑問に思ったことがあるかもしれない。それは単に、コマンドが実行に移されるまで、いくつもの鎖の輪を乗り越えなければならないためである。図4―2は、一般的なWi‐Fiホーム接続に存在する障害を示している。

また、Wi‐Fiを現在、普及している4GのLTE携帯電話規格（図4―3参照）などの免許が必要なセルラー技術と比較すると、ネットワークの信頼性、セキュリティ、モビリティ、

図 4-2 ▶一般的な Wi-Fi/ZigBee/Z-Wave 接続における潜在的な障害

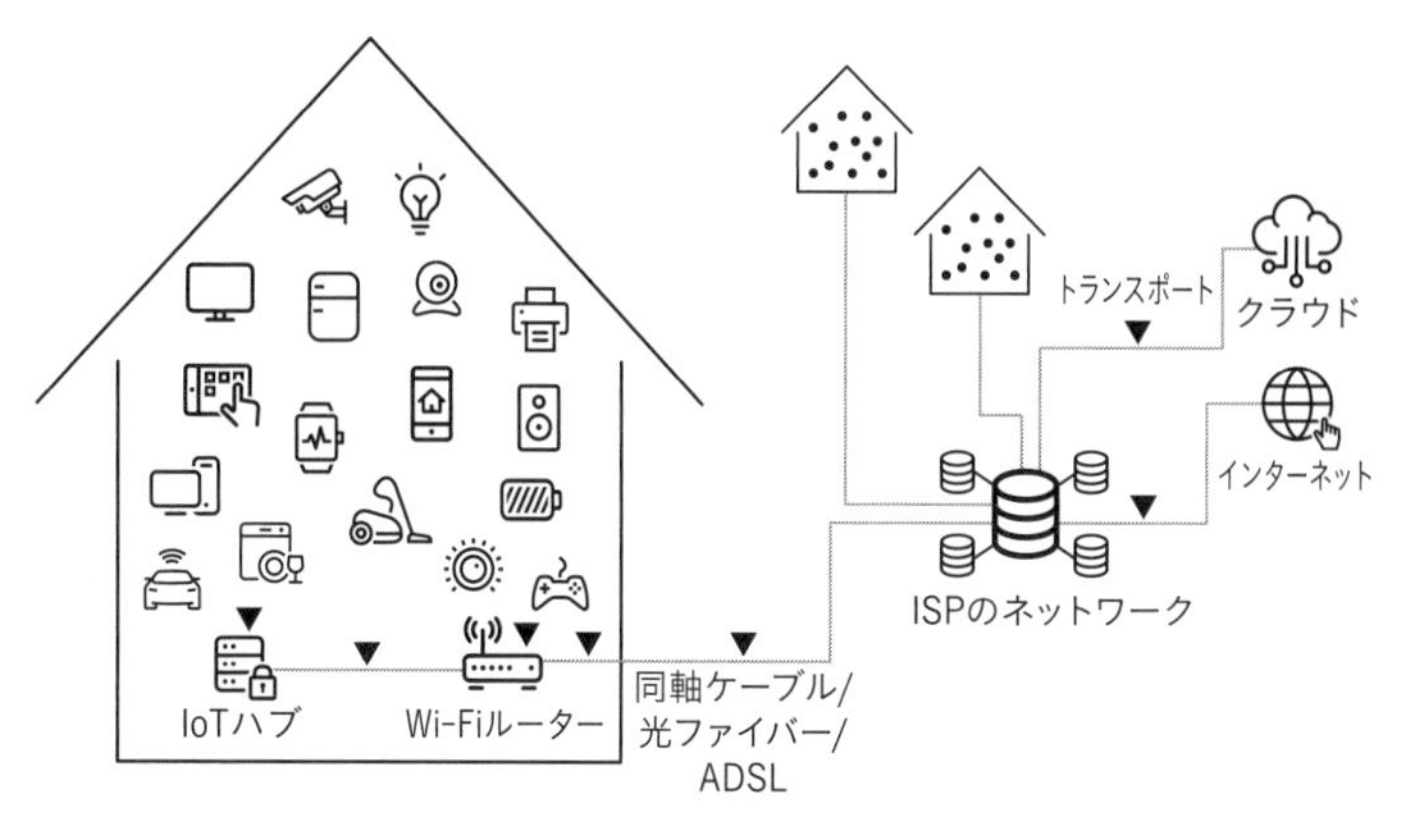

▼ 潜在的な障害
(輻輳や干渉が発生しがちな免許不要周波数帯/共有周波数帯域を含む)

表 4-3 ▶Wi-Fi と 4G LTE の比較[8]

	2.4 GHz Wi-Fi	5 GHz Wi-Fi	4G LTE
技術標準	802.11b/g/n	802.11b/g/n/ac/ax	3GPP リリース 8-15
周波数帯	2.4-2.5 GHz	5 GHz	Sub 6 GHz
最大データレート(ダウンロード)	450-600 Mbps	最大1300 Mbps	～1000 Mbps
電波到達距離	～40メートル(屋内)	～15-20メートル	3000-16000 メートル
信頼性	中	中	高(99.999%の信頼性)
セキュリティ	中	中	高(暗号化)
モビリティ	低(メートル)	低(メートル)	高(キロメートル)

ローミングの面で、セルラーがいかに優位に立っているかが明確になる。カバー範囲の広さだけでも、セルラー接続が優位に立つ。Wi‐Fiの場合は約50メートルであるのに対し、セルラーの場合は1万6000メートルである。

とはいえ、それでもWi‐Fi技術には非常に重要な利点がある。コストの低さだ。ユーザーの視点から見れば、自由に利用できる周波数帯であるWi‐Fiは、5Gよりもはるかに手が出しやすいだろう。5Gは、携帯電話の定額契約や毎月の分割払いが可能な従量制料金、従量制プラン、データ共有のための接続料金などのようなかたちでユーザーに販売されている。

5Gはフューチャーホームを実現するか

携帯電話技術では、およそ10年ごとに新たな世代が登場してきた。その名が示すように、5Gはセルラー技術の第5世代であり、現在の3GPPリリース15規格では、5Gは前世代の技術である4Gに比べて、次の3つの重要な改善が約束されている。

1　高速大容量なモバイルブロードバンド（eMBB）を実現する10Gbpsのデータレート
2　大規模なモノのインターネット（mIoT）を実現する1平方キロメートル当たり100万

図 4-4 ▶ セルラー標準のパフォーマンス向上[10]

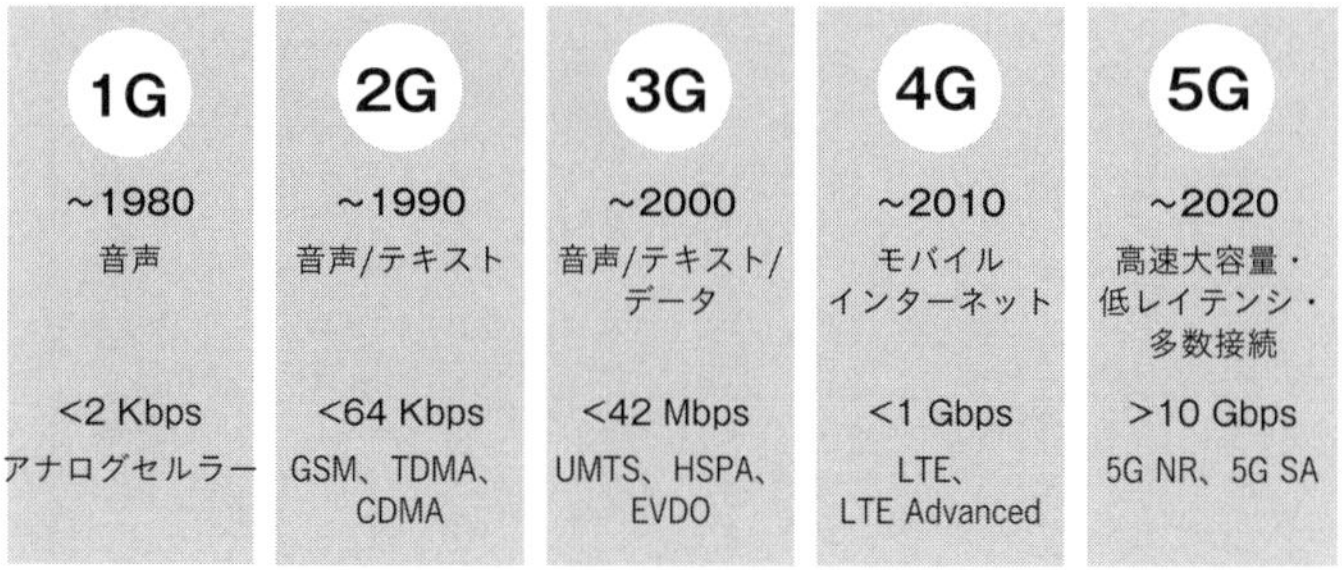

1G	2G	3G	4G	5G
~1980	~1990	~2000	~2010	~2020
音声	音声/テキスト	音声/テキスト/データ	モバイルインターネット	高速大容量・低レイテンシ・多数接続
<2 Kbps	<64 Kbps	<42 Mbps	<1 Gbps	>10 Gbps
アナログセルラー	GSM、TDMA、CDMA	UMTS、HSPA、EVDO	LTE、LTE Advanced	5G NR、5G SA

台の接続機器数

3　超高信頼性・超低遅延通信（URLLC）を実現する1ミリ秒のレイテンシ[9]

　こうした5Gの性能は、あらゆる種類の業界、特にフューチャーホーム・エコシステムに参加している業界に大きな機会を提供する。

　図4－4は、従来のセルラー標準が何を提供できたかを示しており、ワイヤレス接続が長い間、音声とテキストのトラフィックに専念していたことがわかる。2019年頃からは、モバイルインターネットの開始によって、より大きなデータ容量と速い速度が必要とされるようになり、現在ではいずれも5Gによって提供されている。

高速通信を実現する新しい周波数帯

新たに利用可能になった周波数帯とその構成が、5Gワイヤレス技術をこれまでにないほど強力なものにしている。これまでの世代のセルラー技術では、24GHz～300GHzの高周波数帯は利用できなかった。ミリ波（mmWave）とも呼ばれる、この新しい周波数帯の利用可能性と幅は、いかに5Gが4Gよりも指数関数的な速度の優位性を提供できるかの基盤となっている。

しかし、高周波数帯は帯域幅、速度、容量の増加に役立つ一方で、電波の到達距離が犠牲になる。そのため、5Gを成功させるには、高、中、低、それぞれの周波数帯域の多様な組み合わせが必要になる。

高周波数帯の電波は短く、高速大容量な通信が可能だが、到達距離はメートル単位と短い。それとは対照的に、低周波数帯の電波はキロメートル単位という長い距離を移動することができる。しかし、低周波数帯の電波は、高速大容量を実現することはできない。そして、ご想像の通り、中周波数帯の電波は、通信速度・容量と到達距離のバランスが取れたものとなっている。

図 4-5 ▶ 5Gにおける多様な周波数帯利用の重要性

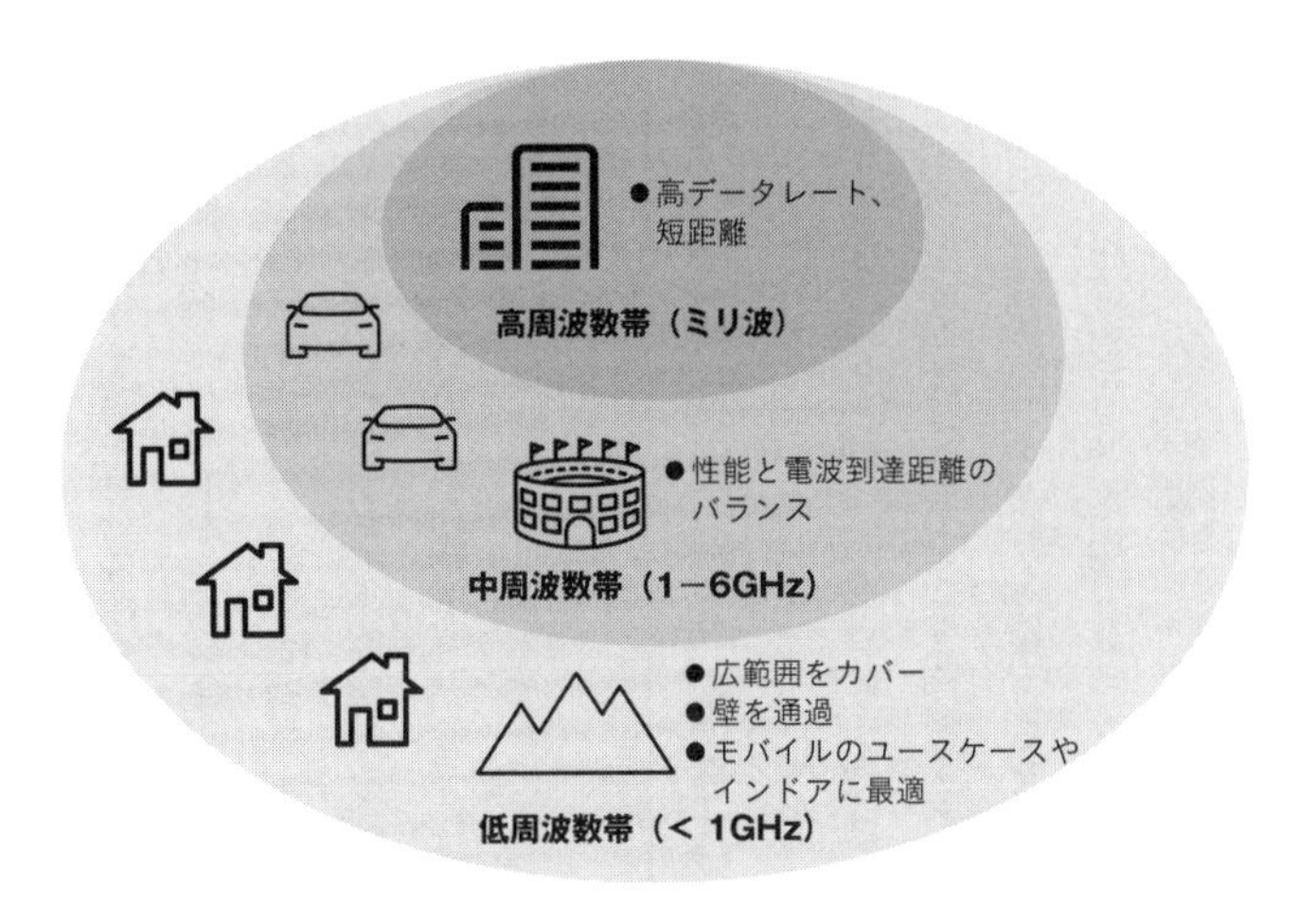

したがって、3つの周波数帯域はそれぞれ異なる用途に適しており、それが5G技術を汎用性の高いものにしている。高周波数帯はデータのスループット容量が大きく、送受信デバイス間の距離が短い都市部をカバーするのに適しているが、中周波数帯（これまで2G、3G、4Gの先行規格で使用されている）は、自動運転車など移動体向けのトラフィックやスポーツのスタジアム会場などでの用途に適している。低周波数帯は壁を貫通し、広い範囲をカバーできるため、家の中や狭い谷間などに適している。図4−5には、各周波数帯の強みが示されている。

フューチャーホームでは、より多くの機器が接続され、そのなかにはWi‐Fiが提供するのと同じ帯域幅を必要としないものもある。フューチャーホームでは、低電力デバイスやセンサーからのデータ伝送が必要となるだろう。第3世代パートナーシッププロジェクト（3GPP）は、5Gの標準化に取り組んでいる標準化団体だが、彼らはNB-IoT（ナローバンドIoT）も5G標準の一部となり、それがLPWA（低消費電力・広域）のユースケースをサポートすることを示唆している。

NB-IoTは、バッテリーの使用を延長できる低電力を利用して、低コストで屋内の用途をカバーすることに重点を置いている。NB-IoTは、小さなデータパケットを長距離伝送できる技術だ。

応答性・信頼性に優れた5G

5G技術のもっとも魅力的な点の1つは、フューチャーホームのあらゆるアプリケーションにおいて、高い応答性を実現する低レイテンシだ。4G LTEネットワークに負荷をかけた場合、レイテンシは約80ミリ秒と推定されている。

しかし、仮想現実や拡張現実をヘッドマウントディスプレイにストリーミングする場合、より低いレイテンシが求められる。映像に「酔う」状態が生まれてしまうのを避けるために、20～50ミリ秒程度に抑えなければならないのだ。だが、5Gであれば問題ない。理論的には1ミ

図 4-6 ▶レイテンシの比較

リ秒未満という低レイテンシを実現するのである。図4―6は、これがいかに高度な技術であるかを示しており、5Gを他の低レイテンシ技術や自然現象と比較することで、それが最先端のデジタルアプリケーションに大きな違いをもたらすことを表わしている。

5Gは、Wi‐Fiの速度とZigBeeやZ-Wave規格の低消費電力を1つの無線技術規格に統合している。このように規格を1つに単純化することで、Wi‐FiやZigBee、Z-Waveのいずれかを使用しているデバイスと比較して、5Gに接続するあらゆるデバイスは5Gセルラーの信頼性を利用できるようになる。

セルラー技術は、99・999パーセントの時間、利用できるように設計されている。そのため、5Gセルラーがダウンするのは、平均して年間5・26分程度しかないことになる。このレベルの信頼性は、遠隔手術や自動運転のように重大な分野における通信だけでなく、家庭内での医療系機器を操作する際にも特に重要だ。

4Gの10倍の機器を接続できる5G

また、5G技術は断片化を解決することで、コネクテッド・ホームをフューチャーホームへと変える基盤となるプラットフォームを提供する可能性を秘めている。5Gはデータを1か所に統合して、エコシステムが感知し、理解し、行動し、そこから学習することを可能にする。それにより、フューチャーホームは真に豊かな顧客体験を実現するサービスを提供できるようになるだろう。

5Gが新たなビジネスチャンスを提供するのに加えて、米国では2034年までに、65歳以上の人口が約7700万人に、18歳未満の人口が約7650万人になると予測されている[11]。米国の歴史上、高齢者の数が未成年者の数を上回るのは、初めてのことだ。前述のように、高齢になっても自立した生活を維持しようとする人が増えるにつれ、これからの数十年間、「エイジング・イン・プレイス」は非常に重要な課題となるだろう。

遠方に住む家族が安全に暮らしているという安心を得ることは、簡単ではない。第3章で解説したように、エイジング・イン・プレイスを実践している高齢者を対象としたリモート監視では、信頼性、安全性、予測性を確保するために、最大100台のコネクテッド・デバイスを用意する必要がある。その内訳を見てみよう。

まず、住宅に十分な安全性とセキュリティを確保するために、高解像度の防犯カメラから煙・CO_2検知器、コネクテッド・ドアベルに至るまで、最大10台の機器が必要だ。また、栄養状態と体重を把握するために、食料品の発注を行なってくれるコネクテッド冷蔵庫やコネクテッド体重計など、数十台のデバイスやセンサー類が必要になる。

そして、健康状態をモニターするには最大で約20台のデバイスやセンサー類が必要になると推定されている。スマート・ピルボックスや移動を追跡するカメラ、ネットに接続されたトイレやシャワー、血圧計、酸素モニター、体温計などが、このカテゴリーに該当する。

さらに、日常生活や環境要因に対処するためには、コネクテッド・サーモスタットからインテリジェント照明、コネクテッド・スピーカー、各部屋に設置された空気品質センサー、湿度センサー、モーションセンサー、そしてコネクテッド・テレビなどのエンターテインメント機器、ノートパソコンやタブレットなどのモバイルデバイスに至るまで、最大で約50台の機器が必要となる。

このように、多様な機器が関係する複雑なセットアップをスムーズに実行するには、Ｗｉ-Ｆｉと4Ｇ ＬＴＥ技術では限界がある。理論的には、標準的なバージョンのＷｉ-Ｆｉルーター1台に、同時に多くのデバイスが接続できる。しかし、各デバイスが近接していると、すべてのデバイスがわずか数個のチャネルを通過しなければならないため、干渉やパフォーマンスの問題が発生してしまう。

4G LTEであっても、デバイスやセンサーの密度が一定の飽和状態に達すると、問題が発生する。今日の米国の平均的な住宅の大きさを考慮すると、4G LTEは1平方キロメートル当たり約4360軒の住宅をカバーできる。しかし、仮にエイジング・イン・プレイスが進み、各住宅で50台のデバイスやセンサーが導入されたとすると、1平方キロメートル当たり約21万8000台の機器がネットに接続される可能性がある。これは、現在、4G LTEネットワークが処理できるデバイス数のおよそ2倍だ。

しかし、5Gなら問題にはならない。5Gでは1平方キロメートル当たり100万台のデバイスを接続することができる。これは、エイジング・イン・プレイスを実現するデバイスやセンサー類の密度を処理するのに十分な数だ。[12]

5Gを補完するイネーブラー

5Gは、今日のコネクテッド・ホームにおける技術とデータの断片化という問題を取り除き、さまざまな規格によるデータのやりとりを1つの安全で信頼性の高い接続へとまとめるうえで、大きな役割を果たすだろう。

一方で、それを補完する技術も必要になる。なかでも重要なのが、eSIM、エッジコンピューティング、高度なアナリティクス技術だ。

サイズ問題を解決するeSIM

5Gがユビキタス接続を実現するためには、家庭内の各コネクテッド・デバイスに、スマートフォンに搭載されているようなSIM（加入者識別モジュール）カードの機能が必要となる。SIMは、搭載されたデバイスが認識され、ネットワークに接続することを可能にする。従来のSIMカードは、加入者を識別し、認証するための番号と関連するキーを格納している。しかし、フューチャーホーム内に設置される、より小さなデバイスでは、現在、利用可能な最小のSIMであっても搭載するのが難しい。[13]
その解決策となるのが、いわゆる「eSIM（組み込みSIM）」である。これはデバイスにハンダ付けされるため、SIMカードスロットを必要としない。eSIMは、業界団体であるGSMA（GSMアソシエーション）[14]によって開発されたもので、プログラム可能なため、1つのデバイスに複数のユーザープロファイルを保存したり、リモートデバイスをネット接続可能にしたりすることができる。

データの移動距離を減らすエッジコンピューティング

現在、コンピューティングパワーの大部分はクラウドに移行した。私たちは、ネットワークを介してクラウドにアクセスし、そのコンピューティング能力を利用することができる。

クラウドは、大規模なデータの処理や蓄積、分析といった素晴らしい処理を行なうことができる。しかし、フューチャーホームの場合、クラウドを使うと遅延が大きく、大量のデータの転送と中継にコストがかかるという限界もある。

そこで、エッジコンピューティングの出番である。一言でいえば、これは分散処理のルネサンスである。データが発生する場所に近い、ローカルで小規模なデータセンターによって構築されており、同時処理能力やストレージなど、集中型クラウドの優れた点を利用している。エッジコンピューティングは、本質的に、低レイテンシでコンピューティングパワーとストレージの一部を提供することができる。こうしたローカルクラウドの数を増やすことで、応答時間の高速化とレイテンシの短縮が可能になる。

少し前に、コネクテッド・スピーカーに対して部屋のライトを点けるようリクエストする例を紹介したことを覚えているだろうか？　応答が遅く、予測できないのは、リクエストがスピーカーからＷｉ‐Ｆｉ経由でルーターに送信され、次にブロードバンド接続経由で基幹ネットワーク通信網に送信され、最後に離れたデータセンターまで届けられるためだ。そして、データセンターにおいて、ライトを点けるリクエストが処理され、再び同じ複雑な経路を通ってライトを点ける指示が送信される。

しかし、5Gとエッジコンピューティングを組み合わせることで、すべてをフューチャーホームがある場所により近いエッジコンピューティングセンターで実行することができ、処理ははるかに高速になる。同じことをＷｉ－Ｆｉとエッジコンピューティングの組み合わせで実現できることも明らかだ。

デバイスをより賢くする高度なアナリティクス

大量のデータを送信する能力は重要だが、実際にそれを利用してデバイスをどう動かすかという判断を行なうには、高度なアナリティクスも必要だ。

今日のコネクテッド・ホーム・ソリューションは、すでに大量のデータを分析して、それにマッチするパターンを把握することができる。しかし、そうしたパターンマッチングのルーチンは、今日のコネクテッド・ホームで使用されているように、実際にはユーザーにフラストレーションを感じさせる可能性がある。

たとえば、リビングルームに設置されたサーモスタットは、住人が毎朝8時30分に出勤することをパターンマッチングで認識しているかもしれない。そして、無駄なコストをかけないために、冬になると、住人がいない間は暖房をオフにするだろう。しかし、住人が病気で家にいて、切れてしまった暖房を再び点けるために起き上がれないとしたら？　パターンマッチングは、失敗に終わる。

そこで、より多くのデータが必要になる。それを高度なアナリティクスに与えて、特定のコンテクストを把握し、適切なアクションを判断するためだ。簡単にいえば、システムはいつルーチンが破られ、住人が家にいるのかを判断できなければならない。

高度なアナリティクスが行なうのは、まさにそうした判断である。アナリティクスは、ファクトやコンテクストに基づいた決定をサポートする一連のデータ駆動型手法を提供する。自宅のサーモスタット（あるいは、その他のデバイス）がコンテクストに沿った反応をしてくれるようになるのは、アナリティクスと5Gの低レイテンシと大容量の通信が組み合わされたときだけだ。

4つの課題を把握することが第1段階

本章を終える前に、5Gフューチャーホーム市場の発展を阻む4つの障害をあらためて整理しておこう。それを課題として解決に取り組むなかで、多くの企業が恩恵を得るはずだ。

課題1　エコシステムを活用して、フューチャーホーム・デバイスのコストを下げる

企業は、フューチャーホームに関する適切なエコシステムを構築するために協力することができ、また協力しなければならない。理想的には、その際にホームテック機器の接続プロトコルとデータ交換手順の標準化が進むことが望ましく、それによってフューチャーホーム・デバイスの販売数は大幅に増加するだろう。

より多くのパートナーを巻き込んで、フューチャーホームに関する、より正確な予測を提供し、より多くのデバイスが購入される状況を約束することで、ハードウェアメーカーは大量生産によってコストダウンを実現することができる。

課題2　5Gを活用して、セットアップの問題を解決する

企業は、フューチャーホームの設計者となる新しいユーザーを正しく理解する必要がある。ユーザーは価値を重視し、お金を節約するために時間を使おうとしているのか？　それとも、便利さを重視し、時間を節約するためにお金を使おうとしているのか？

その答えは、後者だ。フューチャーホームの設計に影響を及ぼすのは、主にミレニアル世代とZ世代である。彼らはDIYよりDIFMを好み、快適な生活を実現するためなら、お金をかけることを惜しまない。

したがって、企業にとっての大きなチャンスは、家庭用デバイスのセットアップ作業を簡素化することだ。スマートフォンの電源を入れるだけで自動的に携帯電話ネットワークに接続するのと同じように、5Gを利用することで、電源を入れるとプラグ・アンド・プレイでデバイスが登録され、動作するようなフューチャーホームを実現すべきである。そうした利便性に対して、ユーザーはより多くのお金を使うことをいとわないだろう。

その一方で、フューチャーホームにおけるサービスの料金を上げすぎたり、間違ったビジネスモデルを選択したりしないことが肝心だ。ユーザーは、フューチャーホームに追加されたデバイスごとに新たな月額利用料を支払うことを望まない。CSPは、5G周波数帯のライセンスの取得に数十億ドルを費やしており、この巨額の投資をできるだけ早く回収したいと考えていることは理解できる。しかし、コネクテッド・デバイスの場合と同様に、家庭向けサービスの初期料金が高すぎると、たとえ顧客体験のレベルが優れていたとしても、ユーザーの熱意を失わせる可能性があることを忘れてはならない。

課題3　5Gを活用して、ネットワーク接続の断片化の問題を解決する

5Gは、今日のコネクテッド・ホームにおいて断片化されている無線技術を統合して、各技術の限界を解決する力を持っている。ZigBeeやZ-Waveのようなメッシュ無線プロトコル、W i-Fi（多くの電力を必要とする）やBluetooth（接続可能なデバイスの数に制限がある）などの異なる無線規格の複雑な組み合わせを、シームレスで信頼性の高い1つのソリューションに統合できるのである。また、5Gは部屋の中に物理的なモデムやゲートウェイ、ルーターボックスを必要としない。

課題4 情報を統合し、より大きな利益を実現するためにアクセスを許可する

フューチャーホームの開発にかかわる業界は、ユーザーのマインドセットとコンテクストに焦点を当てた集合的なデータ利用のための共通のビジョン、ビジネスモデル、パートナーシップをともにつくり上げなければならない。5G接続は、すべてのホームデバイスを統合し、外部ソースからのデータをフィルタリングして、より詳細な情報を得ることも可能にする。

そうしたデータや情報は、統合された「信頼できる情報源（Source of Truth）」に統合されなければならない。フューチャーホームに参加するパートナー企業は、この共有データレイク（あらゆるデータを発生したままの形で保存しておく格納庫）を活用して、より適切でパーソナライズされたサービスをユーザーに提供することが可能になる。この統合された情報プールは、フューチャーホームを進化させるうえで、特に重要だ。つまり、それにより「どこにいても自宅のように感じられる」状態を実現できるのである。

本章のまとめ

1　今日のコネクテッド・ホームには、デバイス、プロトコル、無線通信に関するさまざまな規格がごちゃ混ぜになっているが、5Gによってそれらを統合することができる。

2　5Gでは、通信速度や低レイテンシ、接続可能なデバイス数といった要素を流動的にバランスさせることができるため、フューチャーホームで新しいアプリケーションを開発し、導入するのに理想的だ。

3　しかし、5Gがその可能性を最大限に発揮するためには、eSIMやエッジコンピューティング、AIなどの補完的な技術が必要になる。

第5章

プライバシーとセキュリティ
―― 乗り越えるべき2つの課題

データのプライバシーとセキュリティに関する懸念は、フューチャーホームに対するユーザーの信頼を阻害する可能性が高い。

今日のコネクテッド・ホームは、文字通り、私たちの声に耳を傾けている。しかし、フューチャーホームはそこから大きく進化して、私たちのことを理解して行動できるようにならなければならない。そのため、フューチャーホームは膨大な量の個人情報を扱い、処理し、保管し、安全を保つ必要がある。

その一方で、断片化されている通信技術を統合し、複雑なセットアップの問題を解決して、データの共有を促す5Gの能力によって、フューチャーホーム・デバイスの数は爆発的に増加するだろう。根本的な問題は、そうしたIoTデバイスの急増に対処するための適切なプライバシー、セキュリティ、規制の基準が整備されるかどうか、ということだ。

フューチャーホームのユーザーに代わり、適切な責任を持って行動することのできる「倫理的な」AI技術は存在するのだろうか？　すべてのユースケースにおいて、ユーザーの「データ主権」は、フューチャーホームのバリューチェーンに参加する企業にとって優先事項でなければならない。

また、通信サービスプロバイダー（CSP）はユーザーから信頼されており、フューチャーホームを主導する中心的な存在の1つであるため、長期的な観点でプライバシーとセキュリティの問題に対処するには、もっともふさわしい立場にあると考えられる。

個人情報の取り扱いが成否を左右する

これまで見てきたように、フューチャーホームを取り巻くユーザーのニーズは大きく変化している。そして、第2章で述べた社会人口統計学的な幅広いトレンドと合わせて、8つの新しい考え方がユーザーに広がっており、フューチャーホームの新しいビジネスモデルの開発に影響を与えている。

また、前章で解説した通り、フューチャーホーム技術の中心的な要素である5G通信規格は、いくつかの補完的な技術とともに、コネクテッド・デバイスの爆発的な増加と新たなビジネスチャンスをもたらすだろう。モノのインターネット（IoT）は、2030年までに世界経済に14兆ドルの経済価値をもたらすと推定されており、その相当な割合が新しいフューチャーホーム市場によって実現される。[1] 世界中の何千万もの家庭において、常時オンにされているマイクやセンサー、ビデオカメラ、データ収集・共有メカニズムなど、いくつもの新たなコネクテッド・デバイスが設置されるようになるだろう。

さらに、フューチャーホームのユーザーがサービスプロバイダーによってDIFM方式で設定・運営されるエコシステム（短時間でフューチャーホームがセットアップされ、個々の住人の行動を予測できるようになる）上で生活するようになれば、機密性の高い膨大な量のデータの取り扱いと処理が必要になる。

フューチャーホームのユーザーとサービスプロバイダーとの関係において、信頼がいかに重要であるかは、すでに何度か述べた。データのプライバシーやセキュリティが侵害されると、この信頼は急速に失われ、膨大なビジネスチャンスも失われてしまう。もちろん、デバイスや共有されるデータの急増は、プライバシー侵害や無責任なAI、サイバーセキュリティ攻撃といった問題の範囲を劇的に拡大するだろう。したがって、プライバシー、セキュリティ、ガバナンスの基準は、非常に高く設定する必要がある。ここで信頼される能力を提供できるかどうかが、フューチャーホームを存続させるうえでの基礎となるのだ。

この課題に対応するために、データプライバシー、データセキュリティ、そして「倫理的AI」が、密接に関連しているとはいえ、それぞれ根本的に異なるものであると理解しておくことが重要だ。

- データプライバシーとは、個人情報がどのように管理されるか、また第三者によってどう使用されるかなど、個人情報やアイデンティティをコントロールする権利を指す
- データセキュリティとは、不正アクセスから個人情報をどのように保護するかということを

指す

- 倫理的ＡＩとは、フューチャーホーム内のデバイスが、あらかじめ設定された倫理上の基準に沿って考え、行動することを求める概念を指す

これらは相互にリンクしているため、私たちもそれを意識して議論してみたい。特に、３つめの「倫理的ＡＩ」については、ユーザーが偏見や利害関係者の影響を受けることなく、公平で公正な意思決定のみを受けられるようにすることが不可欠だ。

ＡＩの思考と行動は、明確な論理に基づいていることはもちろん、理解と説明が可能なものでなくてはならない。ＡＩを搭載した機器は、非反復的で付加価値の高い行為を人間から奪うのではなく、人間の決定能力と行動能力を強化し、必要なときにはいつでもユーザーがＡＩを制御できるようにしなければならない。

「保護」と「共有」のパラドックス

ユーザーがフューチャーホームで暮らして良かったと感じるということは、彼らが自分のニーズと状況に合わせてカスタマイズされたサービスを楽しむことを意味する。しかし、そう

した利便性を手に入れるには、個人情報を手放さなければならない。これは事実上、金銭とプライバシーを利便性と交換することと同義である。

デジタルの世界でよく議論されている考え方は、ユーザーは利便性を手に入れるために自分の個人情報で「支払い」をする、というものである。個人情報は、開発者、広告主、そしてバリューチェーン内のすべてのデータ駆動型ビジネスにとって、お金に相当するほどの資産なのだ。

アクセンチュアが世界26か国、2万6000人の消費者を対象に行なった調査では、73パーセントの人が、プライバシーの問題がフューチャーホームの障壁になっていると考えていることがわかった。[2]

では、サービスプロバイダー（あるいは、他のフューチャーホーム・エコシステムのパートナー）は、顧客体験の改善やパーソナライゼーションに関係するデータの収集・処理と、ユーザーが抱いている懸念との間のバランスを、どうすれば取ることができるのだろうか？　そして、ユーザーの利益を問題の中心に据えておくために、競争上の圧力と、責任ある倫理的AI、機械学習（ML）アーキテクチャをどのようにバランスさせるのか？

後者の問いは、より難しいものだが、それはAI技術への投資と知識が、少数の企業、および当初は激しく競争していた少数の国々に集中しているためだ。

プライバシーと倫理的ＡＩについては、個人情報に対してリベラルな態度を取るミレニアル世代にとっても、最終的には重要なポイントとなるだろう。

ミレニアル世代とＺ世代は、Ｘ世代やベビーブーマーと同じように、今後、さまざまなライフイベントを経験することになる。子どもが生まれたり、自宅を購入したりして、生活における責任が増え、その過程においてデータに対する態度をより保守的なものに変える。それぞれのライフステージに応じて、利便性や経験、コスト削減のために個人情報を提供するかどうかのトレードオフが変化するため、エコシステムの参加企業は、５Ｇフューチャーホームを実現する際に留意しなければならない。

データのプライバシーと倫理的行動は、フューチャーホームに参加するデジタルサービスプロバイダーにとって、常に変動し続ける目標となるだろう。ユーザーの信頼を損なわないためには、継続的な分析と注意が必要だ。そして、すでにキャッチアップしなければならない問題がある。それは、現在のコネクテッド・ホームのユーザーに対して、データがどう使われるかがまったく明確になっていないことである。

一方で、データセキュリティはフューチャーホーム市場を軌道に乗せるための前提条件である。いまのセキュリティ標準では、フューチャーホーム市場はユーザーの期待に応えることはできないだろう。現在は、家の中にあるものは内部だけで保持され、外部の関係者はユーザーの同意なしに、いかなる資産（物理的なモノやデータ）にもアクセスすることはできない。この点について、詳しく見ていこう。

聞き耳を立てるデバイスたち

現在のコネクテッド・ホームでは、すでにコネクテッド・スピーカーのデジタルアシスタントが、住人たちの話に一日中、耳を傾けている。そうした機器は、これまでに入手し、処理して、記憶している「トリガー」となる言葉やフレーズに反応して機能する。

たとえば、デジタルアシスタントのモバイルアプリケーションにアクセスして、以前にもリクエストした内容を聞くことができるのは、周知の事実だ。自分のリクエストは天気予報や音楽の再生など無害なものばかりだから、別にたいしたことはない、と思うかもしれない。

しかし、こうしたデジタルデバイスによって膨大な量の個人情報が収集されており（ユーザーの意図に関係なく記録されているものもある）、現在も蓄積され続けている。そこには、ユーザーが考えている以上にセキュリティ上、重大な項目が含まれているかもしれない。だが、結局、あなたはデジタルアシスタントに自宅の住所を教え、通勤時間の推定を依頼するだろう。ということは、職場の住所も教えることになる。

さらに、あなたは自分の名前と声でデジタルアシスタントをトレーニングして、同居する家族やルームメイトとあなたのリクエストを区別できるようにする。何らかの理由で、誕生日も伝えるだろう。特定のサービスを利用するために、自分の資産情報や医療情報を提供するかもしれない。

そのうち、音声アシスタントとイチャイチャできるようになったら面白い、と思うかもしれないが、そうしたアプリケーションが現われ始めた頃に多くの人が試してみたように、それがしだいにアプリケーションの基礎となるＡＩやＭＬの振る舞いにバイアスをかけることになってしまうのであれば、受け入れられないだろう。言い換えれば、これはＡＩが何を学習するかという問題だけではなく（それも大きな問題だが）、どのように学習し、どのような行動を起こすか、という問題でもあるのだ。

強制的に開示を迫られる個人情報

こうしたコネクテッド・スピーカーやデジタルアシスタントを部屋中に散りばめて、利便性や生産性を高め、時間を節約することができれば、住人がデジタルアシスタントに話しかけたり、意図的に個人情報を与えたりしなくても、フューチャーホームが住人の話を聞く能力を高めることができる。繰り返しになるが、コネクテッド・スピーカーやデジタルアシスタントの多くは、収集したすべてのデータを無期限に保持し、ユーザーの行動に合わせて常にレコメンデーションやアクションを調整する。すると、あっという間に、友人や大切な人たちよりも住人について詳しくなるだろう。

それは、音声データを使って自然言語処理（NLP）システムやAIコンポーネントをトレーニングし、顧客体験を向上させ、そして当然ながら、パーソナライゼーションを改善するためだ。そこには「データがどのくらいの期間、保存されるか」という問題があり、「誰がデータを使うことを許可されるか」は、さらに別の問題となる。

たとえば、米国の司法当局はデジタルプラットフォームやデータサービスのプロバイダーに対し、コネクテッド・スピーカーやデジタルアシスタントが収集したデータのなかで、犯罪に関する情報が含まれている可能性があるものを提出するよう強制している。実際、アマゾンはニューハンプシャー州の最高裁判所から、同社のスマートスピーカーであるエコーの録音データを提出するよう命じられた。[3]

そうした命令を拒否することは、難しい。サービスプロバイダーがエンド・ツー・エンドの暗号化によって個人情報の特定を防ごうとしている一方で、政府や司法当局はデータへのアクセスを強制しようとしており、データのバリューチェーン、プライバシー、およびセキュリティに深く関与するようになっている。

強制開示の例は、他にも簡単に見つけられる。2017年1月から6月の間だけでも、フェイスブックは米国の司法当局から3万2716件もの情報開示要請を受けた。また、同じ期間にグーグルは1万6823件、ツイッターは2111件の要請を受けている。各社とも、要請の約80パーセントについて、少なくとも何らかの情報を提供していた。[4]

こうした要請は、米国に限らず、世界的に行なわれている。アマゾンは、2017年上半期において、刑事共助協定に基づき、米国外から75件の要請があったことを認めた。[5]

顧客体験の向上にともなう副作用

さらには、コネクテッド・スピーカーやデジタルアシスタントだけが、住人の個人情報を蓄積し、保存しているわけではない。

たとえば、コネクテッド・サーモスタットは住人が夜間に起きてきたとき、その動きを追跡して対応することができる。寝室のコネクテッド・ライトは何時頃に点灯・消灯したかで、住人がいつ就寝し、いつ起床したかがわかる。コネクテッド掃除機はカメラとセンサーで間取りを把握することができ、コネクテッド・ドアロックは住人が在宅しているかどうかの詳細な情報を把握できる。

このようなデバイスやサービスを提供する企業の多くは、個人情報の保存期間を制限するプライバシーポリシーを持っている。しかし、データが長期間にわたって保存されることを望まないユーザーは、自ら手動でデータを削除するか、企業に対して保存の停止を依頼しなければならない。

個人情報を収集する目的は、当然、パーソナライゼーションによる顧客体験の向上にある。しかし、その副作用として個人情報が保存されてしまう。この膨大なデータが何者かによって悪用されれば、文字通り、玄関の鍵を奪われることになるのだ。そうなれば、自宅のセキュリティシステムを勝手に解除することも、防犯上の脆弱性を暴露することもできる。

そのため、エコシステムとユーザーの双方がデータのプライバシー、セキュリティ、保存についての態度を明確にする必要がある。つまり、誰がデータを使用するのか、サービス設計においてデータがどのように使われるのか、どのくらいの期間、データが保存されるのか、そしてどうやってデータの不正利用を防ぐのかを、企業側ははっきりとした言葉でユーザーに伝えるべきなのだ。ユーザーは、企業側から提示された内容に同意することで、データに関する彼らの権利を明らかにするのである。

こうした重要なポイントを、誰も読まないような法的文書に埋もれさせておくわけにはいかない。むしろ、フューチャーホーム業界はユーザーが選択できる透明性の高いオプションを提供し、明確でわかりやすい法律用語を使ってサポートしなければならない。

また、フューチャーホームはプライバシーオプションを提供するだけでなく、どのようにしてデータを安全に保つのかをはっきりと説明する責任がある。「データが悪用されている」とユーザーが感じることがあってはならず、個人情報は常にエコシステムパートナーがユーザーに代わって直接、管理しなければならない。

データの収益化に頼らないビジネスモデル

個人情報に関しては、基本的なビジネスモデルもフューチャーホームで取り組む必要があるかもしれない。

今日、インターネット上でユーザー規模を拡大するための一般的なビジネスモデルは、ユーザーが直接、料金を支払うわけではない「無料」サービスを提供することだ。しかし、フューチャーホームで検討すべきビジネスモデルは他にもある。

たとえば、ユーザーがサービスに直接、対価を支払うことで、個人情報の収益化に対する企業のインセンティブを減らすことができる。フューチャーホームにおける生活をより良くするために協力し合っているエコシステムパートナー間の公平な価値の交換においてさえ、その収益化の必要性をなくすことができる。

ビジネスモデルは多次元的であり、時間の経過とともに変化する可能性がある点に注意することが重要だ。しかし、フューチャーホームが私たちの生活を根本的に改善し、私たちとともに活動するためには、データのセキュリティ、フューチャーホーム・エコシステムにおけるデータの共有、そしてそのデータの倫理的な利用を促進する適切なビジネスモデルが不可欠である。

ＣＳＰは、ユーザーに対して自らを差別化できる絶好のポジションにいる。彼らは、ユーザーに対してオーケストレーターやゲートキーパーとしての役割を果たしているため、規模の経済や広告に基づくビジネスモデルを展開する企業とは異なり、個人情報の収益化そのものにはあまり依存していない。ルーター、セットトップボックス、スマートフォンなどのネット接続用デバイスを提供する企業も同様である。また、ＩＤを管理し、デバイス上のデータや情報を暗号化して、ユーザーが許可した場合にのみ送信されたデータを自らに関連付けることを可能にするサービスも提供できる。

データの安全性を確保する重要な3つのタッチポイント

データを保護するための技術は大きく進歩しているにもかかわらず、近年、セキュリティ侵害は27パーセント以上も増加している。ランサムウェアによる攻撃（ハッカーがデータを人質にして金銭を要求するもの）だけでも、その頻度は13パーセントから27パーセントに増加した。[6] ミレニアル世代の65パーセントが、コネクテッド・デバイスによって収集されたデータが適切に処理されていないのではないかと懸念し、自分がセキュリティ事故やデータ侵害の被害者になるのではないか、自分の個人情報が第三者に売られるのではないかと恐れているという実態も、不思議ではない。[7]

こうした調査結果は、今日の技術レベルでは、フューチャーホームが正しく設計されていなければ、ハッキングや不正に売買された個人情報を使って誰かの自宅にアクセスしようとする試みが成功する可能性があることを示している。先ほどの例でいえば、データに不正アクセスした人物が住宅の詳細な見取り図を入手したり、コネクテッド・ドアの鍵やガレージオープナーをハッキングするようなケースである。何者かが、住人に気づかれないうちにセキュリティシステムをオフにしたり、防犯カメラを無効化してしまう可能性もあるため、ユーザーが感じる脅威は小さくない。

こうした事態が自分の身に降りかかる可能性は低いと思われるかもしれないが、セキュリティの脆弱性を示す事例はいくらでも存在する。北米のカジノが攻撃された例を見てみよう（一般の住宅でも、同様のケースが起こり得る）。

このカジノには、ネットに接続された水槽が設置され、魚に自動的に餌を与えるなど、水槽内の状況が外部からモニタリングできるようになっていた。ハッカーたちは、このデバイスに侵入し、そこをカジノのシステムへの入口として利用したのである。そして、盗んだデータをフィンランドにいる仲間へ送信した。[8]

これらのセキュリティ侵害は、第1章で指摘したポイントの好例だ。つまり、今日のコネクテッド・ホームに蔓延している技術的な断片化は、プライバシーとセキュリティへの侵害を引き起こしやすいのである。このことは、エンド・ツー・エンドのユーザー視点で信頼できるセキュリティ標準を運用する少数の大規模なフューチャーホーム・オーケストレーターの必要性を強く示唆している。

しかし、重要なことに、最近のデータは企業側が想定しているリスクとサイバーセキュリティに対する姿勢との間で、ギャップが拡大していることも示している。[9] 簡単にいえば、提供されるサービスの複雑さが、彼らのセキュリティの能力を上回ってしまっている、ということであ

図 5-1 ▶ リスクの上昇とサイバーセキュリティ保護の間のギャップ[10]

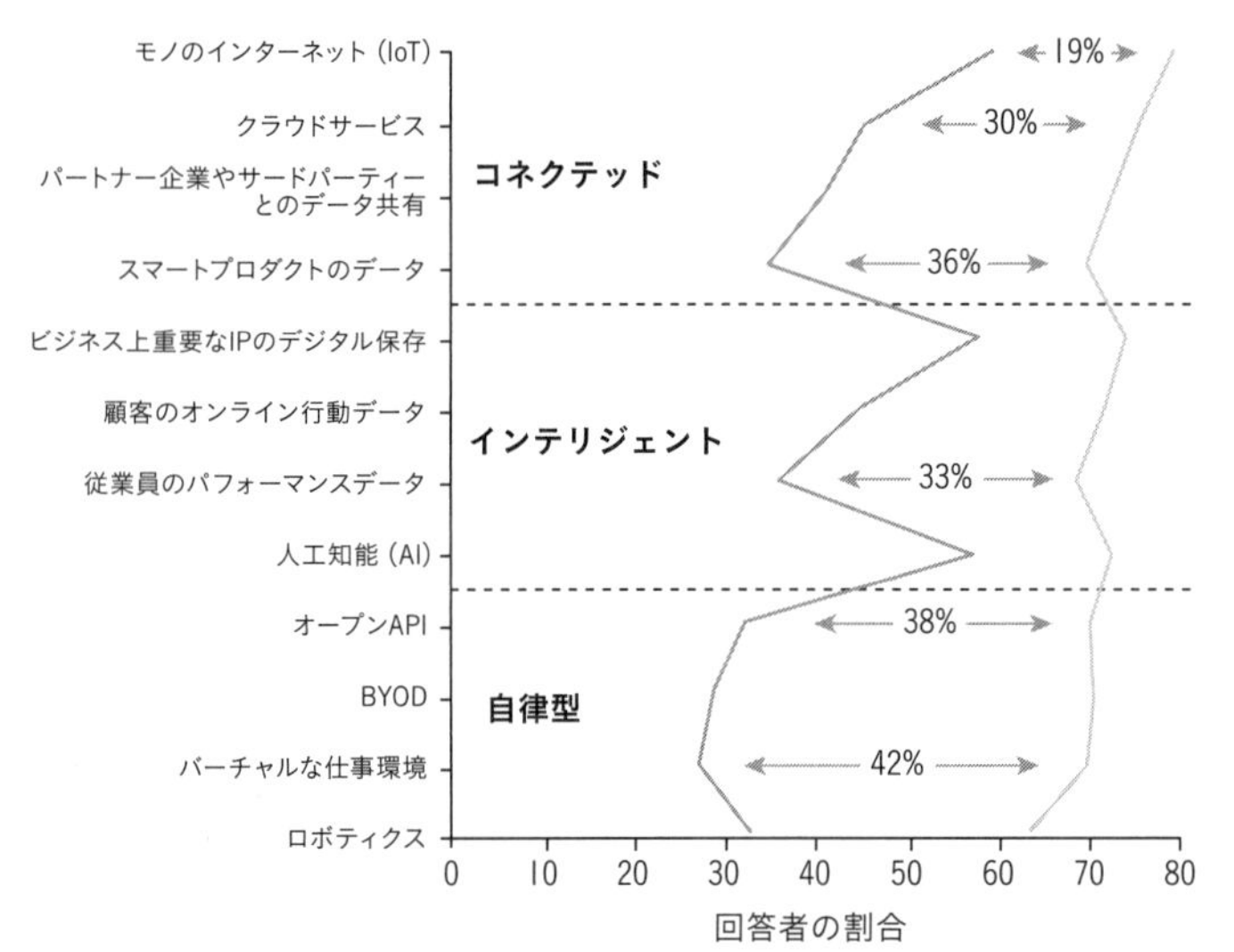

る。自律的に動作するホームサービスに近づけば近づくほど、サービスプロバイダーは必要なセキュリティ標準を提供する準備ができていないと感じるようになるようだ。図5―1が示すように、すべての関連技術について、現在のところ、保護機能はリスクのレベルに対して十分なものではない。

そのため、当然のことながら、ユーザーは自分のプライバシーとセキュリティ、そしてネットに接続することの潜在的な危険性について、懸念を示し続けている。コネクテッド・デバイス技術が普及するにつれて、サイバーセキュリティのリスクを高める要因の上位に位置付けられるようになっている。そう考えると、データセキュリティは真に人間にフォーカスした技術的な検討事項として捉えることができる。

このことは、サービスプロバイダーがフューチャーホームのセキュリティを変革し、ユーザーとより広いエコシステムの双方にメリットをもたらすための3つの明確なタッチポイントを示唆している。

バリューチェーン全体が問われる管理体制

個人がオンラインで何かを手配したり、オンラインアカウントを作成したり、あるいはコネクテッド・デバイスを通じてサービスを利用するとき、そこで行なわれているのは商品やデータ、サービスと金銭の交換だけではない。もう1つ、やりとりされている重要なものは、サイバー空間における究極の通貨である「信頼」だ。

企業は、商品やサービスを購入してくれるユーザーから信頼も得て、さらなるチャンスを手にする。信頼によってユーザーとの絆を強化することで、企業は自社の製品やサービスが受け入れられやすくなるよう促すこともできる。しかし、当然ながら、そうした絆を台無しにしてしまう危険性もある。

ここまでの解説で明らかにしてきたように、フューチャーホームの新しいインテリジェントなコネクテッド・デバイスは、これまで考えられなかったまったく新しい種類のデータを取り込むことになる。結局のところ、デバイスが増えれば相互接続も増え、より広範囲のデータや知見を共有できるようになる。こうした情報とその流れの増加により、サービスプロバイダーはユーザーに関するデータのセキュリティとプライバシーを保護するための説明責任のレベルを大幅に引き上げる必要に迫られる。

そのため、現在のコネクテッド・ホームと5Gエコシステムのフューチャーホームでは、企業は自社のデバイスやサービスのセキュリティだけでなく、リンク先や提携先の企業におけるセキュリティ侵害のリスクも考慮する必要がある。重要なのは、事業を行なっているバリューチェーン全体がユーザーからの信頼を得られなければ、エコシステムはその恩恵を十分に享受できないという点だ。[11]

品質はもっとも弱い部分に引きずられる

残念ながら、すべての企業が同じようにセキュリティの侵害に対処できるわけではない。たしかに、最近、アクセンチュアが発表した業界横断のレポートによれば、システムへの不正侵入を76パーセント以上、検知できたと回答した企業の数は、前年から倍増して23パーセントに達している。

しかし、その一方で、回答企業の24パーセントが検知率のもっとも悪いレベルに分類され、不正侵入の50パーセント未満しか検知できていなかった。[12]これは、5G時代のフューチャーホームにとって、良い兆候とはいえない。

コネクテッド・ホームの品質は、それを構成する要素のなかで、もっとも脆弱な部分に引きずられてしまう。そのことを考えると、参加企業間においてセキュリティに対する姿勢が一貫していないことは、セキュリティ全体に大きな制約を課し、結果として、フューチャーホームを中心とした新しい市場の成長を阻害することになる。

この問題の解決策として、デジタル製品、プロセス、サービスの認証フレームワークが考えられる。これは「Wi-Fi Certified（相互運用性、セキュリティ、およびアプリケーション固有のプロトコルに関する業界で合意された標準を満たしていることを示す、国際的に認知された製品認証）」に沿って設計することができる。[13]

このような業界横断的な標準は、サプライチェーンの整合性と全体的なセキュリティガバナンスを確保するだけでなく、エコシステムに参加する企業の間で一貫したセキュリティ標準を推進し、実施するための追加的なタッチポイントを確立する重要なステップとなるだろう。一般的なデータについては、国際的に認知されているＩＳＯ２７００１が４つのセキュリティクラスを規定している。あらゆる業界横断的な標準は、これを起点にして、個別の課題を想定したものにすべきだろう。[14]

そうして統一された標準は、セキュリティに対するユーザーの理解を深めるうえでも役立つに違いない。信頼できる公平なサービスプロバイダーが、デバイス間で必要なセキュリティと安全性のチェックを監督していることを知っていれば、さまざまなサプライヤーからエンドポイント製品を購入できるようになる。

脅威だけを分離して無力化する

技術的なコンプライアンスは重要だが、それだけではセキュリティの問題が起きないと保証することはできない。セキュリティへの攻撃は、1回でも成功すれば、その信頼性に最大級のダメージを与えることができる。フューチャーホームのサイバーセキュリティは、常に継続的な効果を発揮しなければならないのだ。

そうした意味でも、ウイルス対策ソフトウェアだけでセキュリティが維持できると考えるのは間違いだ。また、インターネット経由で得られるソフトウェア・パッチを頻繁に適用したところで、巧妙化したサイバー犯罪からフューチャーホームを十分に保護することはできない。デバイス間の相互運用性の高まりにより、多くの新しい脆弱性が生まれている。家庭内のコネクテッド・デバイスに1つでも侵入されると、別のコネクテッド・デバイスも悪用されてしまう恐れがある。

業界全体で合意された物理的なセキュリティ機能は、新しいコネクテッド・デバイスに組み込まれ、さまざまな危険を回避するだろう。こうしたデバイス・アーキテクチャは、デバイスが住宅に設置された後でも、ソフトウェア・コンポーネントを進化させることができるように、アジャイル設計ラインに沿って構築されなければならない。

加えて、5Gフューチャーホームはデバイスとサービスを継続的かつ永続的に監視する仕組みを導入する必要がある。そうした監視体制が確立されれば、たとえ一部の製品やサービスが脅威となったとしても、責任の所在を明確にすることができる。万が一、そうした事態が発生した場合に備えて、即座にサポートが提供できるように、ユーザー（理想的にはデバイス）への直接の通信回線が必要である。また、デバイスがリモートで適応できるようにして、脅威を分離して、無力化できるようにしなければならない。

セキュリティ犯罪への警戒感を高める教育

ところで、「セキュリティ・アズ・ア・サービス」と呼べるサービスはあるのだろうか？

答えはイエスだ。アクセンチュアの調査によれば、ユーザーの約80パーセントがすべてのデジタルニーズを単一のプロバイダーから提供されることを希望しており、[15]マネージド・セキュリティ・サービスについてもプロバイダーを信頼する傾向があることを示唆している。

しかし、そうした魅力的なプロバイダーになるには、これまで以上に高まるサイバーセキュリティのリスクに対応するため、継続的に進化する高度なセキュリティプロファイルを備える必要がある。これは、高度な攻撃および即応、サイバーオペレーションおよび耐障害性、アプリケーションセキュリティ、サイバー脅威インテリジェンス、インシデント対応および脅威の追跡に対するアプローチを、永続的に更新することを意味する。さらに、分散したサーバにデータ台帳が保存される新しい暗号化技術を用いて、トランザクションのもっとも正確で最新の記録を維持する必要がある。

このようなサービスには、サイバーセキュリティ教育も含まれる。デバイスやデータの保護だけでなく、プロバイダーはユーザーがフューチャーホームで直面するセキュリティ上の脅威について適切な認識を持ち、それらの脅威を軽減する方法を学んでおく必要があるのだ。

そして、プロバイダーは個別指導サービスを通じて、知識や情報をユーザーに提供できる立場にある。そうしたサイバーセキュリティ教育により、ユーザーはオンラインでどんなことに注意を払うべきなのかを理解するようになるだろう。また、疑わしいアクティビティが検出された場合、どのように行動すべきかを学ぶこともできる。そうした知識や情報を豊富に得ることで、フィッシング詐欺やソーシャルエンジニアリング詐欺といった犯罪に対するユーザーの警戒感も高まるはずである。

さらに、プロバイダーはユーザーの利用パターンやデジタル機器に対する信頼度の違いなどを考慮して、属性に応じてカスタマイズされたサービスを提供することができる。たとえば、安全ではないウェブサイトでの動画ストリーミング、パスワードやログイン情報のオンライン上での保存、ソーシャルメディアアカウントの開設といったリスクの高いオンライン行動は、若年層で顕著である。そうした傾向に配慮し、若年層に向けてカスタマイズされたサービスを提供するのだ。そうした工夫をセキュリティの強化へとつなげて、ユーザーの信頼を勝ち取ることもできる。

若者たちが熱烈に支持する企業とは？

冒頭の章で解説したように、私たちの多くはインターネットが登場した頃を覚えている。一方、デジタルの世界に生まれ育った若い世代は、幼い頃から技術に精通して、さまざまな目的のためにデジタルチャネルやデバイスを使用してきた。また、この世代はＤＩＦＭの考え方になじんでおり、日常生活を充実させるサービスを調達するために、これらのチャネルを活用する傾向が強くなっている。

若い世代は、最初のエンゲージメントの段階でブランドを信頼する傾向が強い。しかし、ユーザーから広く信頼を集めているリーダー（破壊的な変化をもたらすような主要ブランドを含む）であっても、ユーザーの離反がデータ漏洩やサービス体験の失敗につながる可能性があるため、安泰でいられる余裕はない。

また、他のプロバイダーがこの状況を改善するために介入できる場合、若い世代はこの第2のブランドに対して、より高いレベルの愛着や忠誠心を持ち、しばしば声高な支持を表明するようになる。ミレニアル世代とZ世代は、ワイヤレス接続や家庭用ブロードバンドなどのサービスに対して、毎月、料金を支払うことに慣れている。したがって、CSPが彼らのデータをコア・ビジネスモデルの一部として販売するとは考えていない。つまり、CSPのコア・ビジネスモデルは若者の間に信頼と忠誠心を構築するための良いスタートであることがわかる。

CSPが手にする最強の切り札

本章では、プラットフォームプロバイダーの存在を強調してきたが、それはCSPがユーザーとの関係を構築する前に、プロバイダーがCSPからユーザーとの関係を奪い取る可能性が高いためである。

たとえば、第4章で紹介したeSIM技術を使えば、業界関係者の合意があればユーザーは接続プロバイダーを自由に選ぶことができ、その結果、CSPがユーザーとの直接的な関係を維持することが難しくなる可能性がある。いずれにせよ、ユーザーの3分の1がすでにeSIMを認識しており、68パーセントが利用に関心を示していることから[16]、この技術は切り替えという新しい考え方をもたらす可能性が高い。

しかし、CSPには強力な一手がある。前述のように、彼らの切り札とは現在のユーザーから得ている信頼と、データプライバシーとセキュリティに関する優れた実績である。CSPがフューチャーホームのオーケストレーターとして機能するために、その能力をどのように活用できるかについては、次の章で詳しく説明する。

第2章で解説したように、アクセンチュアの調査によれば、アンケートの回答者の71パーセントがCSPをコネクテッド・ホームサービスの主要プロバイダーにすると答えている[17]。これも前述の通りだが、CSPはユーザーとの長年にわたる請求データを利用して、自社のシステム上で高度な分析を実施すべきだろう。そうした分析によって得られる家庭における個人に関する洞察は、優れた「ハイパーパーソナルサービス」の基盤となるに違いない。

現在の慣行では、コネクテッド・ホームのエコシステムに参加するプレーヤーは、まったく予想のつかない技術プロセスの管理を強いられることが多い。それはポイント・ツー・ポインめだ。[18]

ト接続や接続規格の違いにより、すべてのコネクテッド・デバイスに潜在的な脆弱性があるた

これに対して、５Ｇは家庭内で統一された接続規格のように機能し、複数の規格を１つに統合できることから、セキュリティリスクが大幅に軽減される。すでに、こうした状況に片足を踏み入れているＣＳＰは、５Ｇネットワークのメリットを提供することで、フューチャーホームにおけるあらゆるデジタルニーズを支援することができる。そのためには、ユーザーが最大限のプライバシーとセキュリティを提供するホームデバイスとサービスにのみアクセスできるよう導くことが、きわめて重要になる。

本章のまとめ

1 今日の技術レベルでは、悪意を持つ人物が現在のコネクテッド・ホームへの不正アクセスに成功してしまう可能性が高い。

2 フューチャーホーム業界とユーザーは、個人情報の保存と管理の安全性を確保するための標準について明確な立場を持ち、そうしたデータをユーザーが直接コントロールできるようにする必要がある。

3 既存のユーザーの信頼と、プライバシーとセキュリティに関する実績を持っていることがCSPの強みであり、強力な一手を打つことができる。

第6章

オーケストレーターにふさわしいのは誰か

通信サービスプロバイダー（CSP）は、現時点で固定回線か無線接続、あるいはその両方を提供しているかどうかにかかわらず、5G時代のフューチャーホームで重要な役割を果たすことになる。この新しい市場の出現は、CSPに対して、家庭や企業に対するネット接続の提供という従来の静的なビジネスから、積極的に収益化をはかる動的なビジネスへの転換を促すだろう。

CSPがフューチャーホーム・エコシステムのアーキテクト（設計者）、ビルダー（構築者）、オペレーター（運営者）としての役割を担うためには、信頼、顧客体験、ミッションクリティカルなインフラを提供する能力という3つの要素が重要だ。しかし、こうした新しいコネクテッド・サービスと機能を提供するために、CSPが自らのビジネスとバリューチェーンにおいて変革しなければならない重要な領域が6つ存在する。

巨大ビジネスは、なぜ一部しか実現できていないのか

本書の冒頭で解説したように、フューチャーホームは真の意味で人がつながりあった生活を実現する基礎となり、私たちの社会に大きな影響を及ぼすだろう。

この新しい時代には、伝統的な「家」の境界線が、従来の物理的な壁をはるかに超えて拡大する。この「超接続された」環境を実現するには、フューチャーホーム・エコシステムに関係するパートナー企業間の協力が不可欠だ。従来の固定回線ブロードバンド、ケーブル、衛星、5Gワイヤレス技術のどれを使うか、あるいはそれらをどう組み合わせるか、といったことも大切だが、パートナー企業との幅広いアライアンスによるフューチャーホームの製品とサービスの「再発明」が求められている。

CSPにとって、このビジネスチャンスは非常に大きい。2023年までに、家庭用インターネット接続サービスの市場は現在の約200億ドルから373億ドルへ成長すると予測されている。[1] その多くをCSPが獲得するだろう。CSPがデータを駆使して家庭や企業に提供する体験は、技術の歴史において比類のないものであり、それだけに前例のないサービス品質を提供するための十分な準備が必要となる。

インテリジェントなホームセキュリティや監視体制から、リモートヘルスケア、没入型エンターテインメント、ゲーム、さらにはフードデリバリーに至るまで、幅広いサービスを均質化された新たな技術基準に基づいて構築することが可能になり、さまざまな新しいビジネスが生まれる。多様な価値が実現されれば、フューチャーホームの勢いは持続されるだろう。高度なデータ分析から生まれる知見とデバイス制御は、サービスの進化とパーソナライゼーションをもたらすはずである。そうして品質を絶え間なく向上させ続けるフューチャーホーム・サービスは、ネット接続の主要なゲートキーパーであるＣＳＰによって、その大部分が収益化されると見られる。

こうした予想が実現するまでには、まだまだ長い時間がかかると感じるかもしれない。実際のところ、今日のコネクテッド・ホームと関連サービスが、将来的に予想される姿の一部しか実現できていない現状をあらためて考える価値はある。それは、今後の巨大なビジネスチャンスを理解するのに役立つだろう。

無秩序に広がる家庭内のジャングル

家庭における顧客体験は、現在、20から30の製品とサービスのプロバイダーによって実現されている。それらの間の調整は、緩やかなかたちでしか行なわれていない。

したがって、ユーザーは電力会社が提供するインテリジェント照明ソリューション、ホームソリューションプロバイダーが提供するインテリジェントセキュリティ、家電メーカーが提供するインテリジェント・デバイスやスマート家電などのなかから、自分にとって必要なものを選択しなければならない。家庭内エンターテインメントの大部分は、リニア放送、オンデマンドのテレビ、ビデオストリーミング、ゲームなど、さまざまな配信方法によって実現される多種多様な媒体を利用している。こうしたさまざまなニーズに応えるために、ユーザーは少なくとも4、5社のプロバイダーを選択することになる。

また、さまざまなデバイスを接続するためのプラットフォームも多数、存在しているが、それらはすべてハードウエア、ソフトウエア、プロトコル、データの垂直化をめざして設計されており、ホームテクノロジーの中央制御ハブとして位置付けられている。

要するに、今日のコネクテッド・ホームは、ほとんどの場合、自己完結型のソリューションが無秩序に設置されたものなのだ。個別に独立した部品がその場しのぎで集められ、その大半は同期しない方法で管理されている。このように断片化されていては、エコシステムどころかシステムとすら呼べないだろう。

このような状況が、現在、ベンダー企業とホームテック市場全体の足かせになっている。そして、こうしたポイント・ツー・ポイントのソリューションの数が家庭内で増えたことで、ユーザーやベンダーも断片化されたデバイスとサービスの現実にようやく気付き始めた。ますます多くの人が、この無秩序な状況を真にＤＩＦＭ的なかたちでナビゲートしてくれる存在を切望しているのである。

先導者に対するプレッシャーは、日に日に高まっているといえよう。超接続された生活の発展は、標準以下のポイント・ツー・ポイント・ユースケースの家庭内への侵入とあいまって、この非オーケストレーション型ソリューションのジャングルの規模と複雑さを指数関数的に増大させている。

そのため、いま求められているのはオーケストレーターとしてフューチャーホームの運営に主導的な役割を果たすことのできるプレーヤーである。そうしたプレーヤーが新しい製品やサービスをサポートし、デバイスとハブとの間のデータフローを促すことで、21世紀のユーザーに対して前例のない顧客体験を提供するフューチャーホームが実現される。さまざまな機能がシームレスに提供されるようになれば、ユーザーはそうした新しい体験に容易にプラグインできるようになるだろう。そして、私たちの日常生活をさらに豊かなものにする必要性が、広く認識されるはずである。

では、先導者としてのオーケストレーターにはどういう存在がふさわしいのだろうか？

フューチャーホームの主要アーキテクトとオーケストレーターになるためには、どのようなスキルが必要とされるのか？　以上の2点について、考えてみよう。

CSPが主導権を握るべき3つの理由

無線接続と固定回線のブロードバンドは、すべてのコネクテッド・サービスを可能にする基盤である。そのため、あらゆる形態のブロードバンド接続を提供するCSPは、真にインテリジェントな未来のサービスの可能性を解き放ち、エコシステム全体の中心的な実現者となるための重要な位置を占めている。

もちろん、現在の断片化されたコネクテッド・ホーム市場で活動している他のプレーヤーが主導権を握る可能性もある。しかし、CSPがポールポジションにいることを強く示す3つの点を解説したい。

理由1　ユーザーから寄せられる絶大な信頼

前章で解説したように、フューチャーホームを実現するうえで欠かせないのが、ユーザーからの信頼である。多くのデバイスが相互接続され、私たちの生活のあらゆる面に関する膨大な量のデータを共有しなければならない状況において、ユーザーの信頼が不可欠であることは明らかだろう。

現在、ユーザーの個人情報は緩やかな規制しか受けていない。ユーザー自身に認識されることのないまま、個人情報が違法なハッキングやデータ漏洩によって第三者と共有されてしまうケースも少なくない。こうした状況のなかで、もちろん絶対に間違いをおかすことはないとはいえないものの、ＣＳＰはデータプライバシーに関する厳しい標準を持つ存在として突出している。

この実績により、ＣＳＰはコネクテッド・ホームに関するあらゆる製品・サービスのプロバイダーのなかで、もっとも高い信頼を得る存在の1つとなっている。一部の国では、きわめて機密性の高い個人情報（銀行口座など）を扱う際に、家庭用ブロードバンドの請求書が居住地に関する信頼できる証明として機能している。２０１９年にアクセンチュアが行なった消費者調査では、[2]信頼度の点において、固定電話と携帯電話のサービスプロバイダーが銀行に次いで2位と3位にランクされている。フューチャーホームで何らかの役割を果たす可能性のあるその他のプレーヤー（ソーシャルメディアや検索エンジン、デジタル音声アシスタントなど）は、それらよりはるか下位に甘んじている。

私たちの生活における相互接続の増加は、個人情報を完全に安全で信頼できる方法により管理し、取り扱う責任が高まる新時代の到来を告げている。しかし、このことは近年におけるデータプライバシーに関する数多くの不祥事が示すように、データを利用するすべてのプロバイダーが留意しているというわけではない。その例外がＣＳＰだ。

彼らは「信頼を維持できる者は、将来、より多くの信頼を得られる」という単純なルールの恩恵を受けている。たとえば、第2章で述べたように、ミレニアル世代の49パーセントが在宅医療を提供するプレーヤーとしてＣＳＰを選択すると答えている。[3]

理由2　高度な顧客体験を実現する専門知識と能力

本書の前半で、異なるレベルの顧客体験とサービス内容を必要とする8つのマインドセットを特定した。したがって、第2に考慮すべきは、ＣＳＰが独自の運用ノウハウ、労働力、能力を組み合わせて、フューチャーホームにおいて一貫性のある世界クラスの顧客体験を提供する必要があるという点だ。

この場合、成功する顧客体験とは、実店舗からサービス、サポートに至るまで、カスタマージャーニーをパーソナライズすることである。これはクロスプラットフォームのデジタル・ポータルを実現することを意味し、そこでは購入プロセスが最小限のクリックで操作可能になるだろう。つまり、戦略的に配置された店舗が、フューチャーホームの新しいサービスを実現するだけでなく、デジタル購買の即日配送オプションを可能にする戦略的なサプライチェーン流通ハブとしても機能するわけだ。

また、同時に、注文品の配送、複雑なソリューションのインストール、きめ細かなセットアップを行なうことができる複数の専門分野にまたがる現場部隊の能力を持つことも意味している。さらに、注文やアクティベーション、プロビジョニングが簡素化されることを意味し、ソーシャルメディアやチャットボット、アジャイル・エンジニア・スクワッドなどを通じて、CSPがユーザーからの苦情にほぼリアルタイムで回答し、解決するためのオペレーション・センターを構築することが求められている。

その際、指針となる原則は「問題が発生する前に、それを解決する」というものだ。データ分析による障害予測などを行なうことで、それは可能になるだろう。

CSPには、多くのユーザーの複雑な経験に対応しながら組織を運営するなかで培ってきた豊富な専門知識と能力がある。この点で、彼らの成熟度のレベルは彼らが得ている信頼と同じほど高く、フューチャーホーム・エコシステムに関係する他のプレーヤーたちをはるかに上回っている。

プラットフォームプロバイダーやデバイスメーカーといった他の参加者は、たいてい技術やソリューションにおいて最先端の能力を構築している。彼らの多くは、デジタル時代に入ってから設立された企業である。洗練されたデジタル製品やサービスを提供し、優れた顧客体験を提供するという点で、明確な優位性を持っている可能性がある。

しかし、重要なのは、彼らにはフューチャーホームのエコシステムを長期的に管理し、何十万人もの顧客が数分以内に対処してほしいと思うような、細かい不具合に対処する専門知識と能力が、まだ不足していることだ。

オーケストレーターは、エコシステムのあらゆる側面に関連するユーザーからの問い合わせや苦情にも、即座に対応しなければならない。インテリジェント照明ソリューションに不具合が起きた場合であろうと、自動運転車と自宅、ホテルの部屋との間でのデータのやりとりに失敗した場合であろうと、即座に対応して問題を修正することがオーケストレーターの責任なのである。

こうした大きな責任を負うことの利点は、エコシステムから生み出される利益の大部分をマネタイズできることだ。さらに、オーケストレーターにはフューチャーホーム・エコシステムのゲートキーパー、そして主要な指揮者として、関係者と相互に利益をもたらすビジネスモデルを用いて、パートナーシップを構築する責任がある。

これらをすべて成功させるには、明確で模倣することが困難なコア・コンピタンスと従業員のスキルが必要になる。そして、そのような能力は常にCSPに固有のものであった。

理由3　ミッションクリティカルなインフラ

第3の点は、家庭におけるアクセス技術のコントローラーという役割をCSPが担っていることである。CSPは住宅と住人、デバイス、自動運転車、そして社会をつなぐコネクティビティを提供する独占的なプロバイダーだ。その存在がいかに重要か、私たちはよく理解しているはずである（それを初めて実感するのが、サービスが停止したときだったとしても）。

したがって、CSPにオーケストレーターとリーダーの役割を担う資格があることは明らかだろう。CSPの存在なくして、フューチャーホームは成り立たない。私たちとデバイス、そしてそこで実行されるサービスの生命線を握るコミュニケーションの基盤は、CSPが提供するインターネット環境なのである。そうした意味では、CSPがオーケストレーターとしての役割を担うことは、ほとんど義務であるともいえるだろう。

最後に、このビジネスが公的な規制を受ける理由についても、心にとめておく必要がある。規制当局は、この分野における競争の確保に焦点を当てるだけでなく、病院や道路と同等の信頼性を確保しつつ、一般の市民が昼夜を問わずネットに接続できることをめざしている。当局は、そのために必要なインフラを維持し、常に良好なサービスを提供することをCSPに命じているのだ。CSPの信頼性は、マーケットの要請と政府からの義務付けによって、いわば二重に確保されているのである。

今後も、マーケットはＣＳＰへの要請を続け、ユーザーは「技術が断片化されている状況を改善してほしい」と求め続けるだろう。仮に、ＣＳＰが参入しなければ、他の大手デジタル企業が規制当局に出向き、自分たちがフューチャーホームにおける接続性の問題を解決する、と売り込む可能性が高い。そのような事態になれば、ＣＳＰは大きなビジネスチャンスを逃すことになるはずだ。

6つの領域で求められる改革

では、ＣＳＰはこれまで説明してきたようなコネクテッド・サービスや機能をどのようにして実現すべきなのだろうか？

彼らに与えられている選択肢は、自らのバリューチェーン全体を再発明し、再活性化させるということだけだ。この大規模な再発明と、事業構造およびプロセスの改革は、きわめて重要な成功要因である。

アクセンチュアは、これまで製品やサービスを開発・販売するためのアプローチ、アフターマーケット活動、製品やサービスがユーザーに届けられ、彼らによって管理・維持される方法など、ＣＳＰのバリューチェーンを細かく分析してきた。私たちは、この分析に基づいて、フューチャーホームにおけるコネクテッド・ライフ体験を可能にし、それを収益化するための青写真となる6つの領域を特定した。

改革1　フロントオフィスのデジタル化

フロントオフィスとは、CSPが顧客とやりとりを行なうレイヤー(ブラウザから閲覧するサイトやスマートフォン用ポータルのこと)であり、それは単にユーザー向けのサービスを提供するデジタルレイヤーではない。フューチャーホームの新しいユーザー環境に正面から対応するためには、CSPとユーザーとの対話がリアルタイムで先を見越したものになり、ユーザーに自らがコントロールしているのだという実感を与えなければならない。

この変化が生まれる原因の1つは、CSPとユーザーとの間にインタラクションが生まれる頻度の上昇である。それは、今後、数年で増加すると予測されている。特に「流動的」なユーザーが増えていることを考えると、フロントオフィスのデジタル化は必要不可欠なことだ。彼らはサービスに失望したり、反応が悪いと感じたりすると、その瞬間に競合他社に乗り換えようとする。

より実務的な面でいうと、フューチャーホームのオーケストレーションを行なううえでフロントオフィスが果たす中心的な機能とは、ユーザーに対して優れたフューチャーホーム体験をほぼリアルタイムで提供することである。そのため、ユーザー向けのインターフェースには抜本的な改革が必要となる。

たとえば、ユーザーが使いたいと思うような各種のフューチャーホーム技術とは、インテリジェントなサーモスタットや冷蔵庫の中身の自動補充、自宅や自動運転車内で行なう没入型の会議などだろう。そうしたあらゆる種類・レベルのサービスを迅速に導入することができる強力な双方向コミュニケーション・ダッシュボードにならなければならない。

現在、そのようなダッシュボードはまだ実現されていないが、膨大なビジネスチャンスを考えると、CSPにとっては必須の技術といえよう。

また、純粋に技術的な観点から考えると、CSPのフロントオフィスの改革は、ユーザーが自分の望む条件でプロバイダーとのやりとりができるゲートウェイをもたらす。そのために、CSPはAIを搭載し、データインテリジェンスによって機能する顧客体験レイヤーを構築・運営・維持する必要がある。このようなレイヤーを構築することは、これまでCSPが何十年にもわたって行なってきた従来のユーザー関係管理やビジネスサポートシステムのレイヤーの構築・維持とは、根本的に異なるものだ。

フューチャーホームにおいて、CSPはユーザーの数が数百万人規模になっても、それぞれのユーザーに個別に対応しなければならない。そのため、こうした改革が必要となる。それを実現するには、自動化（チャットボットの活用によるユーザー対応の自動化など）が唯一の方法だ。

具体的な例を挙げると、アクセンチュアはスイスコム向けに、デジタル・オムニチャネル・プラットフォーム（DOCP）を導入した。[4] このプラットフォームは、オンライン、店舗内、コールセンター、モバイルアプリ、ソーシャルチャネルなど、ユーザーとのやりとりに使用されるすべてのラインにおいて、オムニチャネル体験を提供する能力を向上させるように設計されている。

改革2　バックオフィスの効率化

CSPのフロントオフィスにおける新機能・技術に関する議論ですでに示唆されているように、これと並行して、バックオフィスにおける技術・構造・プロセス（つまり、フューチャーホーム・ネットワークと、それに付随するデータフローの管理を扱うすべての要素）の改革を進めなければならない。

多くのCSPにおいて、孤立していて柔軟性のない旧式の運用サポートシステムがいまだに使用されている。バックオフィスはこの状況を変革して、CSPがユーザー向けに実現しようとしているのと同じ機敏性と即応性を備える必要がある。フロントオフィスを積極的に支援するパートナーになるわけだ。

したがって、オペレーション管理とアフターマーケットの顧客プロセスの構築・運営は、ユーザーとのインタラクションを支援するツールや技術を持つことと同様に、基本的なものとなる。それがなければ、コネクテッド・ビジネスを運営するために必要な大規模なユーザーの維持は不可能になってしまう。

これらを実現するための具体的なアクションとして、CSPは「インテリジェント・ネットワーク・オペレーション」に移行することになるだろう。これはAIを駆使して自動化されたシステムで、ユーザーや従業員の期待やニーズを予測し、シームレスな体験を提供する。それにより、CSPは従来の運用モデルをデジタルプラットフォーム組織へと転換し、ユーザーにより良い価値を提供することが可能になる。その結果、CSPは新しい機能の実装を管理し、エコシステム内の中心的なサービスプロバイダーになる道を確立できる。バックオフィスのオペレーションは、効率的で機敏なものとなり、今後、求められる革新的でダイナミックなビジネスモデルと、頻繁に発生するユーザーとのやりとりをサポートするだろう。

このようなソリューションの一部として動作するRPA（ロボティック・プロセス・オートメーション）の例を見てみよう。これは、ユーザーからの問い合わせを受信すると、その内容を新たな未解決の「チケット」として自動的に登録し、その処理が行なわれていることを確認して問題を分析し、最終的に解決されるまでチケットの処理を進める。さらに、別のデジタル・ロボットがアラームを受信して起動し、診断を実施して、問題の影響を受けたユーザーを自動的に顧客関係管理システムに登録する。

実際に、どのように機能するのかを示す良い例を紹介しよう。

米国の通信会社センチュリーリンクでは、「アンジー」と名付けられたＡＩがセールスマネージャーと協力して、もっとも有望なセールスリードを特定している。アンジーはＥメールを通じて見込み客とやりとりし、その内容を解釈して、どの見込み客を重視すべきか、あるいは回避すべきかを決定する。このソリューションにより、セールスマネージャーは毎月40件の有望なリードを獲得しており、これまでのところ、システムに費やされた１ドルにつき20ドル分の新規契約が生まれている。[5]

こうした斬新な技術を活用したロールモデルには、テレフォニカというスペインのＣＳＰもある。

彼らは、ユーザーの声で起動するＡＩアシスタント「オーラ（Ａｕｒａ）」をいくつかの市場に投入している。それを通じて音声データのインプットが継続的に得られることで、システムが常に学習することが可能になり、さらにこの種のやりとりによって、オーラが高度なパーソナライゼーションに基づくユーザーへのレコメンデーションを行なうことが可能になる。

このような技術の活用がもたらす効果は、ユーザーの操作性の大幅な向上だけではない。人間のオペレーターと比べて、アルゴリズムはより高い精度で時間制限なく動作することができるため、内部プロセスの効率が大幅に改善される。[6] また、オーラによって得られた知見は、予知保全とネットワーク最適化の改善にも役立つ。

ここまででおわかりのように、CSPのビジネスはよりユーザーを中心としたものになる。ユーザーの期待を予測して、シームレスな体験を提供することにより、複雑なデリバリー・エコシステム上でネットワーク・プログラムをエンド・ツー・エンドで実行することは、大規模化と調整を可能にするのである。

改革3　人材の育成と支援

新しいアジャイル組織を束ねるのは、組織内の人材と才能である――この点は常に強調されているが、実際には十分に実現されているとはいえない。しかし、これからは違う。新たに登場するフューチャーホーム市場において、CSPはエコシステムの構築者としての役割を確保するために、これまでとはまったく異なる従業員を必要とするだろう。幸いCSPのビジネスリーダーたちは、デジタル技術が人の働き方を再定義しており、彼らもそれに応じて行動しなければならないことを理解しているようだ。

変化を促している主要な要因の例として、AIを挙げてみたい。AIは、現在、CSPの従業員を次のレベルのデジタルトランスフォーメーションへと駆り立てている。この点については、詳細に議論する価値があるだろう。ＡＩは重要な技術の1つであると同時に、このような広範で体系的な変化を象徴する存在であるためだ。それは、スタッフやサービス担当者のタスクを拡張するだけでなく、組織変革や価値創造のペースを加速させることにも役立てられている。

たとえば、エリクソンは１００以上のＲＰＡロボットを使用して１００万件以上のトランザクションを処理し、年間40万時間分の作業を自動化した。これにより、同社はコスト、品質、ユーザー満足度、およびリードタイムの改善を社内のあらゆる部門や領域において進めることに成功している。[7]

また、ＡＩは従業員やユーザーの体験を大幅に向上させ、機敏性、コラボレーション、パーソナライゼーションを実現し、意思決定を迅速化することもできる。ＣＳＰにとって、ＡＩは知的労働者が活躍できる新しい仕事と機会を提供してくれる存在だ。実際、ＣＳＰのリーディング企業の63パーセントが、今後3年間にインテリジェント・テクノロジーが雇用の純増をもたらすと予想している。その可能性を歓迎するＣＳＰの従業員は変化に対する準備ができており、82パーセントがインテリジェント・テクノロジーを使用することに自信を持っている。[8]

しかし、スキルに関する現状を考えてほしい。ＣＳＰの従業員の平均年齢は40代半ばから後半である。彼らのスキルと才能を開花させるために、ＣＳＰは従業員の大幅なローテーションを行なう必要がある。これまでの経験が豊富な従業員は、その知恵と経験によって貴重であり続けるだろうが、よりデジタルに精通した世代もまた必要とされるだろう。

特に、ＣＳＰはそうした世代を活用して、インフラや通信、ソフトウェア、デザイン、サービス設計、デザイン思考など、他社との競争に打ち勝つコンピテンシーを構築しなければならない。また、その際にはすべてのプロセスとユーザーとのコミュニケーションの中心に顧客体験を置いて取り組む必要がある。

このような人材は、現在の市場に豊富に存在しているわけではなく、大学で育成されているわけでもない。ＣＳＰは必要な人材を確保するために、今後、育成に力を入れる必要がある。事業に合わせた研修体系を提供する教育機関を組織内に設置しなければならない。

改革４　製品開発のスピードアップ

新たな製品・サービス開発レイヤーを伝統的なＣＳＰ組織内に設置するというのは、簡単そうに見えて、実際は難しい。フューチャーホーム市場では、新たなマインドセットが求められる。「数週間（場合によっては数日間）で新たなサービスを立ち上げる」という姿勢である。

現在、ＣＳＰの製品は開発とテストのサイクルが、数年間とはいわなくても、数か月間に及ぶことが多い。ＣＳＰはフューチャーホームのエコシステムにおいて、もっとも迅速で、革新的なペースメーカーになることをめざさなければならない。

これは、単なるプライドの問題ではない。ＣＳＰは、自社の製品をユーザーに提供するだけでなく、エコシステムのパートナーの製品も提供することになるため、ビジネスを続けるうえで不可欠なことなのだ。ＣＳＰがボトルネックになってしまってはならない。

また、ユーザーと約束しているものが、きちんと提供されなければならない。個々のサービスだけでなく、より重要なプライバシーやセキュリティ、倫理的ＡＩも実現しなければならないのだ。こうした分野における技術的な進化は非常に速く、ＣＳＰは周囲で起きていることに追いつくために、仕事のやり方を根本から変革する必要がある。

求められるスピードを達成するためには、ＣＳＰはユーザーから収集するデータに基づいたアジャイル開発に移行し、ユーザーと協力して、信頼を基盤とした関係を構築しなければならない。この関係において、ＣＳＰはエコシステムパートナーと連携し、製品のテストと開発をサポートする。

このことは、ビジネスケース全体がまだ開発されていなかったり、成功やＲＯＩ（Return On Investment、投資利益率）に対する明確な目標がなかったとしても、実現されなければならない。ユーザーとパートナーたちの求めるものが、ＣＳＰへの反応（多くの場合は、リアルタイムで行なわれる）というかたちを通じて、イノベーションのサイクルを決定する。

また、特定のニーズを満たすために開発される製品やサービスは、ユーザーからの新たな要件が発生した際に、これまでよりも短い開発期間で完成させる必要がある。マネタイズは従来とは異なり、製品が提供された後で行なわれるようになる。つまり、CSPはサービスとそのインフラを前払いで提供するのではなく、個々のユーザーが得た成果に基づいて課金するようになるのである。

迅速に開発を行なうという文化は、従来の「フェイル・ファスト（なるべく早い段階で失敗して、学びを得る）」と呼ばれるスタートアップ企業のメンタリティに近いものといえよう。既存のCSPに見られるような、製品を市場に投入する前に、それが受け入れられるかどうかを徹底的に評価するという姿勢より、このような文化のほうが効果的だ。

新しい収益化モデルがうまく機能すれば、それはすべてのプレーヤーにとってフューチャーホームにおける重要な機能となる。ユーザーには、可能な限りカスタマイズされ、パーソナライズされた体験が提供されるが、購入する製品やサービスごとに課金される。そうした仕組みができるかどうかは、すべてスピード、応答性、敏捷性しだいである。

同様の急速かつ抜本的な変化が、CSPのテクノロジー・プラットフォームにも求められている。新しい事業を拡大するために、CSPはユーザーとサプライヤーを結び付け、各種の機能を「アズ・ア・サービス」型で提供するオープンなプラットフォームが必要になる。

プラットフォームは、従来型のモデルとは2つの点で大きく異なる。1つは、ユーザー獲得コストの低さとネットワーク効果を活用することにより、前例のない速さで規模を拡大できる点である。もう1つは、従来を上回るペースでイノベーションと機能開発を進めることができるという点だ。プラットフォームは、企業が単独で運営するのではなく、拡大し続けるフューチャーホームのエコシステムの構成要素を継続的に吸収し、シームレスに統合することができるからである。

これまで解説してきたように、フューチャーホームのエコシステムはユーザーのニーズや急速な技術の進化に合わせて成長しながら、新しいデバイスやサービスをシームレスに追加していく必要があるだろう。プラットフォームを運営するCSPは、デバイスがテストされ、安全で使いやすいものであることを保証する。そして、ユーザーデータの分析とデジタルハブを組み合わせて、商取引のためのプロバイダーのエコシステムを活用することで、CSPはパーソナライズされたサービス市場を提供することもできる。

しかし、定義上、これらのプラットフォームはマルチベンダーでオープンソースである必要がある。それにより、プラットフォームはしだいに増加していくエコシステムの構成要素を吸収し、連携して機能することが可能になる。イノベーションサイクルが加速し、技術の陳腐化と進化が急速に進むなかでは、機敏性も重要だ。

そのためには、オープンで完全に仮想化され、APIによって推進されるプラットフォームが必要になる。そうしたプラットフォームには、さまざまな標準を超えて動作し、優れたマルチベンダー・ソリューションを開発することができるプログラマブル・インターフェースが備わっている。

このようなサービス主導型ソリューションを構築するには、テクノロジー・プラットフォームの構築方法に対する考え方の転換も必要になる。

CSPは、すでに従来の高度に構造化された階層的なウォーターフォール・モデルから、前述のアジャイルなDevOps（デブオプス、開発チームと運用チームが連携した開発手法）にインスパイアされた文化へと移行し始めているが、その焦点とアプリケーションを加速させる必要がある。ITレイヤーにおいてだけでなく、ネットワーク、システム、プロセス、人材のすべての領域で、エンド・ツー・エンドを受け入れなければならない。そして、これらの新しいプラットフォームが安全で責任あるものになるよう設計し、最高レベルのプライバシー基準を達成する明快なアーキテクチャのビジョンと実行能力が必要になる。

こうした事態が正しく進めば、ソフトウェアと通信プラットフォームの構築方法の間の境界線は曖昧になり、コネクテッド・ライフの実現に不可欠な新しい融合層が登場するだろう。

改革6 パーベイシブ・コネクティビティ層の実現

第4章において、フューチャーホームのオーケストレーションを行なうためには、eSIM、エッジコンピューティング、高度なアナリティクスなどの一連の補完技術とともに、5Gを導入する必要があることを説明した。

この変革における最後の、そしてもっとも重要なポイントは、他のすべての要素を束ね、コネクテッド・ホームに必要なユビキタス接続性を提供するパーベイシブ・コネクティビティ層（さらにシームレスにつながるコネクティビティのこと）を埋め込むことである。[9] 本書の冒頭で述べたように、高速、大規模、超低遅延という特徴を備えた5Gは、フューチャーホームのスケーラブルなコネクテッド・ライフを実現するための力となる。

しかし、5Gでフューチャーホームを実現するためには、CSPのコネクティビティに対するアプローチにも変革が求められている。アクセンチュアは、この点について、次の4つのアクションが重要であると考えている。

1 「改革2 バックオフィスの効率化」で説明したように、インテリジェントなネットワーク・オペレーションを構築する。
2 包括的なプラットフォーム機能に適合するプログラマブル・ネットワーク・プラットフォーム層を実現する。
3 ネットワーク・サービスを開放し、それがより高次のサービス層で利用できるようにする。
4 柔軟性があり、新しいサービスを融合する能力を備えた家庭内のオンデマンド・インフラを構築する。そのためには、新しい帯域幅、コストの最適化、マネタイズモデル、ネットワーク経済に対する新たな視点が必要となる。

CSPは、現在の強固な立場を維持し、フューチャーホーム市場における中心的な役割を他者に奪われるという、将来的な脅威から自らを守らなければならない。しかし、本章で解説してきたように、CSPが新たに獲得する安全な立場は、期待通りの成長を永続的に進めてくれるはずだ。ただ、それは「大きな変化が一度限り起きる」というような状況ではないだろう。変化とイノベーションのペースは加速しており、「私たちがどこに行っても5Gフューチャーホームが実現される」という考え方が受け入れられるようになっているため、ユーザーはこのコネクティビティ層において、徐々に要求する快適さのレベルを高めていくだろう。

図 6-1 ▶フューチャーホーム実現に向けた CSPバリューチェーンの分解

また、それとともに彼らの認識も変化し、現在のように、接続性を「衛生要因」として捉えるのではなく、「私たちがどこにいても、自宅にいるように感じさせてくれるだけでなく、全体的な経験を豊かにするもの」と捉えるようになるだろう。
衛生要因とは、心理学者フレデリック・ハーズバーグによって提唱された概念で、企業がそれを整備していないと、従業員に不満を抱かせてしま

う要因を指す。不満を回避するために必要だが、それにより特に満足感を得られるものではない、というものである。

以上のポイントを正しく実行できれば、ＣＳＰはユーザーのロイヤリティを醸成する非常に魅力的な顧客体験を生み出すことができるだろう。それは、破壊的変化を促す現在の市場力学とユーザーの気まぐれな行動を考えた場合、欠かすことのできないものだ。

本章のまとめ

1 ＣＳＰは、ユーザーからの高い信頼と密接な関係、および接続インフラのゲートキーパーとしての役割を手にしており、フューチャーホームの実現に向けた競争において先行している。

2 しかし、ＣＳＰはアプローチを改善し、フロントオフィスとバックオフィスをデジタル化するとともに、新しいサービスに適した人材を育成して、より速い製品開発サイクルを採用する必要がある。

3 ＣＳＰにとってもっとも重要なのは、多様なパートナーが参加するエコシステムに対応できる、アジャイルなプラットフォームビジネスを構築することだ。

第7章

アライアンスを広げるインセンティブ

新たに登場するフューチャーホーム市場から最大の利益を得るために、通信サービスプロバイダー（CSP）は既存の垂直統合型サービスプロバイダーモデルを進化させる必要がある。ユーザーのデジタルな日常生活において必要な存在であり続けるために、彼らはフューチャーホームをオーケストレーションし、調整する多面的なプラットフォームとして自らを位置付けるようになる。彼らにとって、この動きは単にネット接続を提供するインフラプロバイダーであるだけでなく、データとそのフローを制御するようになることを意味するため、大きなチャンスが生まれるだろう。

このまったく新しいビジネスモデルは、以前よりも動きが速く、機敏で、拡張性がある。それを実現するためには、組織の内部だけでなく、外部のステークホルダー（たとえば、デバイス製造、アプリ開発、AI、エッジコンピューティングの専門家など。医療や金融、エンターテインメントといった非技術部門における各種サービスプロバイダーなども想定される）との関係も、以前とはまったく異なるものでなければならない。そうしたパートナー企業は、プラットフォーム（そこではCSPがメイン・オーケストレーターになる可能性が高い）に対する彼らの貢献について、適切な見返りを提供してくれるアライアンス形態を見つけなければならない。

指揮者よりソリストを志向したCSP

フューチャーホームは、エコシステムのパートナー企業によって形成される新たなバリューチェーンを中心に構築される。この新しい市場で得られるチャンスがパートナーたちを惹きつけ、彼らは大きな利益を得ることになるだろう。

このバリューチェーンに加わる者は、みな何らかのかたちで優れた顧客体験（マルチプレイヤーゲームやエネルギー管理、遠隔医療、没入型エンターテインメントなど）を実現し、フューチャーホーム内のソリューションに貢献する必要がある。柔軟で有機的に変化するパートナーシップが進化することで、CSPは斬新なビジネスモデルの背後にある、まったく新しい運営アプローチに取り組むことが可能になる。

このやや流動的な未来のシナリオに対して、既存のCSPの大半が、即興演奏の才能を持つオーケストラの指揮者ではなく、静的なソリストに相当する存在であり続けようとしてきた。彼らの主な目的は、家庭をブロードバンド・ネットワークに接続するインフラプロバイダーとしてサービスを提供している何百万ものユーザーに対し、厳選されたコネクテッド・ホーム・サービス（場合によっては、コネクテッド・デバイスのみ）を販売することであり、多くの場合、いまでもそうである。

コムキャストの「Xfinity Home」やドイツテレコムの「Magenta Smart Home」といったソリューションが示すように、この戦略は成功していないわけではない。ただし、このようなビジネスモデルが、より広範な提携モデルに向けて調整されたとき、さらなる成功を収められるだろうか、という疑問は残る。

ＣＳＰの新たな収益源とは何か？

第４章において、今日のコネクテッド・ホームの問題点について述べた。簡単に振り返ると、コネクテッド・ホームはハブから始まる。ハブとは、異なる無線規格に対応するために設置された家庭内の中心的ハードウエアであり、さまざまな機器のユニバーサルコネクターとして機能する。ユーザーは、デバイス上で実行されるアプリケーションを使い、デバイスを制御したり、そこからデータを取得したりして、エネルギーの使用量やコネクテッド・ドアベルの映像などを管理することができる。

しかし、そのいずれもＣＳＰに成長をもたらしたり、彼らにとっての新たな収益源となるまでには至っていない。エネルギー消費を管理したり、照明を制御したり、外出先で自宅のケアをすることには、たしかに価値がある。しかし、それぞれのサービスが単独でしか機能しないため、ユーザーにとってもプロバイダーにとっても、これまでのところメリットは限られているのである。

CSPのなかには、投資を回収し、ユーザー1人当たりの平均収益（ARPU）を増加させるために、セルラー接続デバイスのサービス料を導入している企業もある。しかし、これも十分な成功を収めているとはいえない。料金を支払っているユーザーのなかで、実際にセルラーを起動してサービスを利用しているのは、ごく一部にすぎないからだ。

むしろ、これはCSPにとってリスクといえるだろう。毎月、CSPがユーザーに請求する料金に見合うサービスが提供できているとはいえないからだ。ユーザーの大半がそのことに気付けば、フランチャイズ全体の評判を落とすことにもなりかねない。そのため、CSPが従来のビジネスモデルのなかで収益性の高いかたちでコネクテッド・ホーム事業を推進できるとは考えにくい。

アレクサが受け入れられた理由

CSPが独自のホームサービスを宣伝し始めた頃、アマゾンのアレクサやグーグルホームのような音声対応型デバイスが登場し、人は自宅のコーヒーテーブルや暖炉の上にスマートデバイス、つまりパーソナルホームアシスタントを置くようになった。多くのユーザーは、そうしたスピーカー型デバイスに対する信頼とプライバシーについて懸念していたが、わずか数年で数百万世帯がそれを購入するに至っている。

そうしたデバイスは音声操作機能を搭載しており、使い勝手が格段に向上してきている。しかし、それ以上に重要なのは、このデバイスが焦点を当てているのは、家庭内の他のデバイスを接続することではなく、2つの側面を持つ問題を解決することだという点である。音声操作型デバイスはユーザーに対して、彼らにとって重要性の高いユースケースを提供することができ、またその顧客体験は多くの人が好むものだ。それと同時に、サードパーティーがこのようなアシスタント・デバイスにスキル（デバイスを通じて提供される各種機能の総称）を追加して、サービスの範囲を拡大することもできる。既存のCSPも、この新しい市場に参入している。オレンジとドイツテレコムは共同で、独自の音声アシスタントを開発し、大々的に売り出している。

先行する企業とCSPとの主な違いは、CSPがユーザーデータを異なる方法で扱うことを約束し、特にプライバシーとセキュリティに重点を置いて設計された製品を提供している点である。[1] 同時に、CSPが提供するこのアシスタントは、先駆者のデバイスと同じ基本モデル、つまりオープンで多面的なプラットフォーム・アプローチで動作する。

「壁に囲まれた庭」に閉じこもるＣＳＰ

この明らかな例外を除いて、従来のＣＳＰが採用してきたのは、これまで解説してきたように、サイロ化された垂直統合型のサービスプロバイダー・アプローチだった。いまこそ、アマゾンやグーグルのプラットフォームモデルの成功に注意を払い、そこから自分たちはどのように利益を得ることができるかを検討すべきだ。既存のプラットフォームと協力して、ユーザーに対してしっかりとしたメリットを提供できるように努める時期だと、私たちは考える。そこには、大きなチャンスがある。ＣＳＰがそれをつかんで、フューチャーホーム市場の高い収益性の中心に自らを置くことができるかが、残された課題だ。

なぜ、いまＣＳＰは垂直統合型サービスプロバイダーから多面的プラットフォームへの移行を真剣に検討すべきなのだろうか？　説得力のある主張は、垂直統合型モデルは破壊的変化の影響を受けやすい、というものだ。

既存のＣＳＰには、インフラストラクチャー・アクセス・プロバイダーという中核の役割にサービスを追加してきた長い歴史がある。初期の頃、彼らはポータルと独占コンテンツへのアクセスを導入し、ユーザーのロイヤリティを高めて離脱を減らし、競争市場における価格圧力から逃れた。

しかし、それはＣＳＰが「壁に囲まれた庭（ウォールド・ガーデン）」を形成することにつながってしまった。ＣＳＰは、その場所で独自のサービスを提供し、内向きになって、他のサービスプロバイダーと提携したり、プラットフォームを提供したりする努力をほとんどしてこなかったのである。そのことは、しばらくの間、市場シェアを安定させることには役立ったものの、ほとんどの場合、そこから生まれる経済的価値は限定的なものだった。

しかし、最近の通信技術の歴史は、長期的な垂直統合にはリスクがあることを示している。最終的にはプラットフォームが登場し、既存のビジネスを破壊するからである。ｉモードやテラ（Terra）、Ｔオンライン（T-Online）など、携帯電話会社が立ち上げたポータルサービスがその好例だ。最初はコンピューター上のグーグル検索に、次いでスマートフォン上のアンドロイドに追い越されている。[2]

垂直統合型ビジネスモデルからの脱却

グーグルは、アンドロイドによってモバイル通信とインターネットＯＳの両方を実現し、サードパーティーアプリのためのプラットフォームを提供できると考えた。グーグルは、プラットフォーム上で提供されるコンテンツを所有したり、それらを過剰に管理することなく、このコラボレーションから直接、利益を得ることができ、またユーザーに付加価値を提供することも可能になった。

5Gは、CSPの垂直統合型ビジネスモデルに対して、さらなる脅威をもたらす可能性が高い。従来、物理ネットワークへの資産指向の財務投資は、既存事業者の収益の主要な源泉であり、防御が可能なコントロールポイントだった。しかし、物理的な資産の重要性は、データフローとソフトウェアに取って代わられることが多くなっている。

5Gネットワークは、デバイスを1つのネットワークに接続させ、高速大容量や低レイテンシといった新たなメリットをもたらす。それにより、フューチャーホームからのアクセスとデータトラフィックを1つの無線伝送チャネルに統合することができる。その結果、ホームサービスやホームデバイスは、さまざまな設定が可能なソフトウェアに依存できるようになり、サービスの品質が格段に向上して、ユーザーの生活に深く関与するようになる。CSPは、フューチャーホームを機能させるために必要不可欠な要素である関連性、拡張性、体験、信頼性に貢献することで、その中核を担うことができるのである。

サイロ化した社内構造と決別する

ＣＳＰは、自らの経済的価値とユーザー価値を創造するために、フューチャーホーム・ユーザーの日常的なデジタルルーチンにおける関連性を高めなければならない。それを達成するには、ＣＳＰはエコシステムをオープンなものにし、それに関与する方法を見つける必要がある。そこで求められるのが、前章で解説したように、フロントオフィス機能とバックオフィス機能の再構築、および革新的なスキルセットと能力だ。この課題に取り組むＣＳＰは、ユーザーのためのエコシステムのオーケストレーターになれるだろう。

しかし、従来の垂直統合型ビジネスモデルからの脱却は重要で、プラットフォームとエコシステムをベースとした場合、市場での成功要因や求められる能力は大きく異なっている。次に掲載するリスト（図7―1）は、この2つのビジネスモデルがどれほど離れているかについての概要を示している。この図から、設備投資、ＫＰＩ（主要業績評価指標）、そして良質な顧客体験の創造がいかに劇的に変化しているかがわかるだろう。

ＣＳＰは、これまでのサイロ化した縦割りの社内構造を捨て、フューチャーホームのエコシステム全体に責任を持たなければならない。このエコシステムはデータフローを保護し、ユー

図 7-1 ▶ CSP の変化：垂直統合からプラットフォームへ

	垂直統合型 サービス プロバイダー	エコシステム プラットフォーム プレーヤー
コントロールポイント	契約、物理的なコントロールポイント、カスタマーサービス	ID、セキュリティ、プライバシー、データフローおよび保管の管理
KPI	ARPU	リーチ
ビジネスの焦点	サービスのバンドル	取引可能な情報とデータを中心としたエコシステム
顧客との関係	インタラクションの最小化	オープンでシームレスなオムニチャネル体験
市場開拓	自社およびサードパーティーのチャネル	エコシステムを通じた連邦型
投資方針	80%以上がネットワークインフラ資産	ソフトウェア能力 インフラ投資には エコシステムを活用
製品とサービス	通信サービスとバンドルされたコンテンツ	エコシステムをベースとしたサービスの実現
プラットフォーム	クローズドな「壁に囲まれた庭（ウォールド・ガーデン）」	エコシステムをベースとしたオープンなプラットフォーム
人材管理	デリバリーチェーン全体を所有し、ベンダーを管理	体験を実現することにフォーカスし、エコシステム内の人材を活用

ザーにサービスを提供すると同時に、エコシステムに付随する幅広いサービスを提供することになる。

アンドロイドに学ぶべきこととは？

2014年11月にアレクサが登場してからの5年間で、アマゾンはその関連デバイスを1億台以上、販売してきた。現在までに10万以上のアレクサ用スキルがサードパーティーによって開発されており、毎日150〜200のスキルが追加されている。

アマゾンは開発者コミュニティを育成し、現在では、数十万人もの規模となっている。[3] CSPも、同様の成功を収めることができるだろう。しかし、既存のビジネスモデルと大きく異なるもう1つの点は、開発者コミュニティとのスケーラビリティの課題を克服する方法を見つける必要がある、ということである。

この流れにおいて、CSPはアンドロイドのような普及したスマートフォンOSの成功に方向性を見出すだろう。アンドロイドは、常に新しいアプリケーションを生み出す巨大な開発者コミュニティを惹きつけており、本書で解説しているような音声対応プラットフォームにも同様の動きが見られる。

この新しいアプローチでは、データ・コントロールポイントはコネクテッド・デバイス（ルーター、セットトップボックス、音声操作型デバイスなど）上に配置される。また、5Gネットワークがフューチャーホームにおいて大きな役割を果たすようになると、このCSPが所有するネットワークから、さらなるデータ・コントロールポイントが進化する。そのため、CSPはデータフローにアクセスして制御する方法を見つけ、ユーザーに代わってデータフローを管理する必要がある。

私たちは、CSPに対して、信頼性、安全性、安定性、セキュリティの点で差別化することを勧めている。そうしたプロバイダーの新しい役割は、保護されたユーザーデータ（フューチャーホーム内のさまざまなサードパーティー製デバイスから送信される情報）の管理者になることだからである。

データ・コントロールポイントが増えれば増えるほど、プラットフォームの所有者はエコシステム内でより多くのユーザートランザクションを実現することができ、それは彼らにとってより多くの価値を意味する。

図7―2は、CSPが利用できるさまざまな価値を示している。これらは、コアサービス（家庭への5G接続の提供）を中心にグループ化されている。

この図から、CSPは幅広いコントロールポイントを制御下に置いており、そこからユーザー

図 7-2 ▶ CSP のプラットフォーム・エコシステムにおける
潜在的なデータ・コントロールポイント

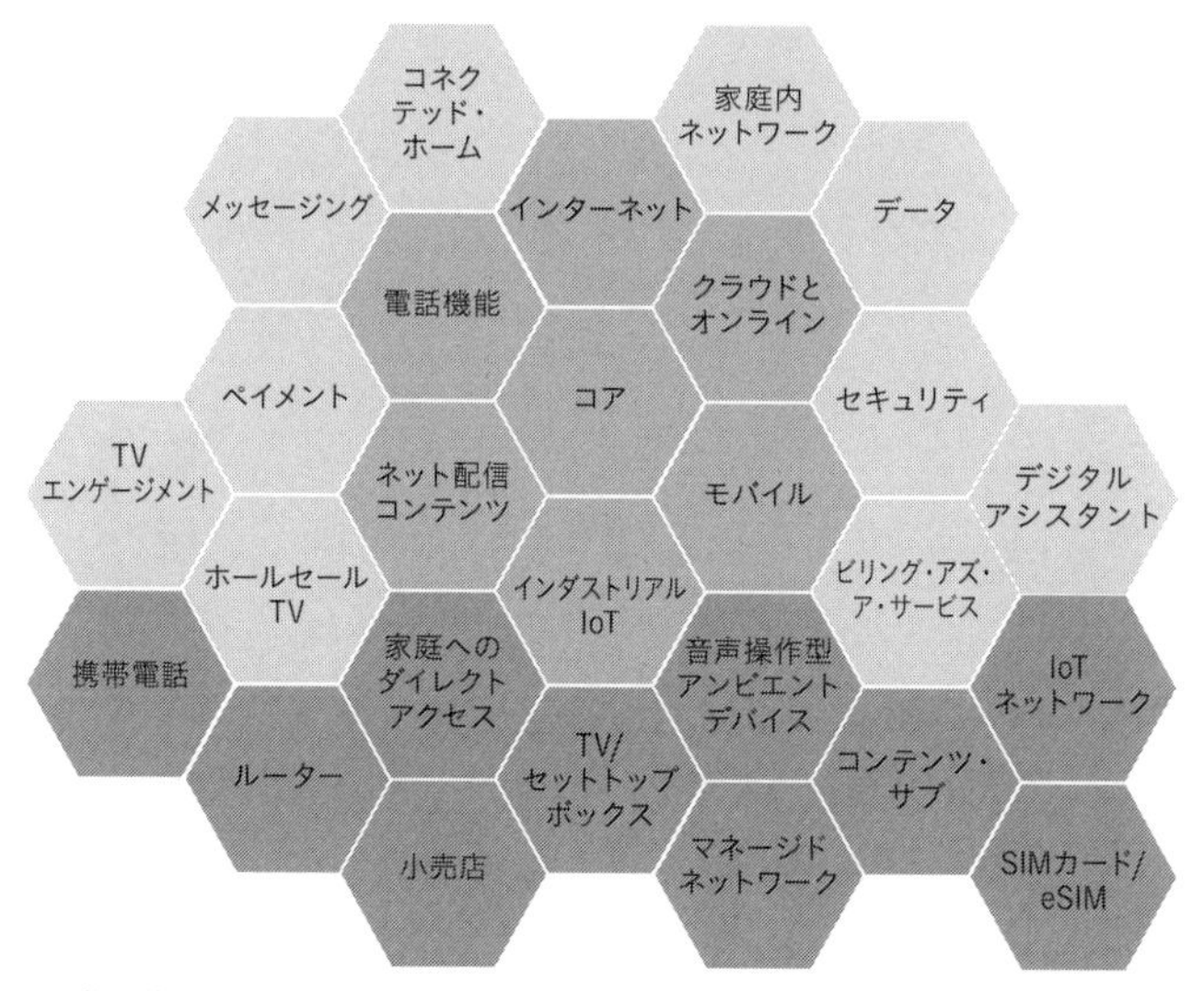

■ 物理的なコントロールポイント
■ コアサービス
■ サービスベースのコントロールポイント

データを抽出できる可能性があることがわかるだろう。

彼らは、何百万人ものユーザーに対して、料金を請求する関係にある。ルーターやセットトップボックスといったかたちで、家庭内における物理的なアクセスポイントを運営している。さらに、彼らはデバイスに組み込まれたSIMカードを所有している。彼らは、すでにネットワークの末端にあるコネクテッド・デバイスの一部にアクセスするようになっており、5Gへと移行するにつれ、そこに新しいコントロールポイントを追加している。

ユーザーがもっとも価値を認めるもの

このような戦略における主な課題は、ＣＳＰが自社のネットワークを流れるデータフローを利用して、フューチャーホーム・エコシステム内の信頼できるパートナーと取引可能な資産に変えられるとは限らない、ということかもしれない。ユーザーの期待に沿ったかたちでそれを使用する許可を得るためには、ＣＳＰは優れた本質的なサービスを提供する必要がある。ユーザーがフューチャーホーム・サービスから得られるメリットは、個人情報や利用データをコントロールできなくなるデメリットよりも大きくなければならない。

そして、ＣＳＰはユーザーデータに対する権限を濫用しないことも証明する必要がある。しかし、優れた顧客体験がなければ、プライバシーとセキュリティを守るという誓約だけでは不十分だ。

多くの調査において、ユーザーはサービスや製品から得られる優れた顧客体験に対して大きな価値を見出している、という結果が出ている。それは、ユーザーの信頼を醸成し、彼らがサービス提供者との関係を維持しようとする傾向を強める。フューチャーホームの外で、インターネットサービスやモバイルアプリケーションが爆発的に増加しているのが、その証拠だ。真の価値を生み出すサービスと交換できれば、ユーザーは喜んでデータを共有するのである。

ユーザーは日常生活に関連性があり、役に立つと判断したサービスを信頼する。

CSPの1つであるスイスコムは、最近、オムニチャネルの顧客体験を実現する新しいプラットフォーム（OCE）を導入したが、その主要な焦点は、もはや製品ではなくユーザーである。[4]スイスコムは、このプラットフォームを利用することで、どのユーザーが、どんなサービスを利用しているかを初めて知ることができた。

2019年3月、スウェーデンのテリア（Telia）は「テリア・スマート・ファミリー」を立ち上げたが、これはCSPが家庭における日常的なデジタルルーチンを積極的にサポートしようというコンセプトである。[5]しかし、ほとんどのCSPにとって、このようなユーザーとの関連性を達成することは、まだ先の長い話だ。また、ここで挙げた例のように、プラットフォーム技術を採用しているCSPであっても、新たに実現した機能をユーザーにとって真の新しい価値に変えるための取り組みは、まだ始まったばかりである。

多方面からパートナーを呼び寄せる方法

これまで、CSPはパートナーサービスを自社製品に統合し、自社の名前でバンドル全体を提供するだけであった。したがって、バリューチェーン全体の成功は、そのようなバンドルのマーケティングが成功するかどうかにかかっていた。そこから生まれた価値は小さいものだったが、CSPによってすべての関係企業に分配され、エコシステムは全体の牽引役であるCSPに依存していた。

これとは対照的に、フューチャーホームはバンドル・アプローチではなく、オープンプラットフォームによって推進されなければならない。そこでは、すべての参加者に対して、プラットフォームの機能を使用して独自のビジネスケースを構築するインセンティブが与えられる。プラットフォームの成長と成功を実現し、維持するためには、多くの種類のパートナーが必要だ。それは、コネクテッド・デバイスとサービスから始まる。パートナー企業はバンドルされたサービスに統合されるのではなく、ユーザーに直接、サービスを提供するか、機能やデータを他のアプリケーションに提供する機会が与えられなければならない。

ヘルスケア、フィットネス、金融、保険、消費財、小売、フードデリバリーなど、さまざまな業界からパートナーが参加する。CSPは時間をかけて、それらすべてのパートナーをプラットフォームに呼び寄せる必要がある。

次に考えなければならないのが、開発者コミュニティだ。世界では現在、約2500万人の開発者が活動している。そのうち750万人がヨーロッパとアジア、500万人が北米で活動しており、残りは世界中に分散している。65パーセントはパートタイムで働いているが、それでも自分が開発したアプリケーションでお金を稼いだり、自分の素晴らしいアイデアが採用されるのを目にしたいと考えている。[6]そのため、彼らは十分なリーチを生み出せるプラットフォームにのみ注力している。

最後に、他のサービスプロバイダーも必要になる。彼らは、エッジコンピューティングやビッグデータ分析、AIや機械学習をベースとした知見の獲得、実用的な分析、セキュリティサービス、支払いおよび配送サービスなどを実現するために、CSPをサポートしてくれるだろう。

CSPは、そうしたパートナーを獲得するために、これまでインフラ製品を介してメディアコンテンツをバンドルするCSPによって実現されてきた従来のプラットフォームよりも優れたバリュープロポジションを持つプラットフォームを提供する必要がある。成功の鍵は、古いモデルから得られる利益を捨てることなく、より魅力的な新しいプラットフォームモデルに移行する方法を見つけることにある。

それと同時に、開発者にアピールしたいのであれば、CSP（彼らの多くは、かつて国営の独占企業で、それぞれの国内で事業を行なってきた）はスケーラビリティとリーチを実現する必要がある。たとえば、シンガポールのホームサービスアプリ開発者が、フューチャーホームのソリューションで提携する価値のあるカナダのCSPを見つけるには、どうすれば良いだろうか？　カナダには、米国の人口の10パーセントにも満たない小さな市場しかなく、しかも特定のCSPが提供する一定のデータプロトコルを介してしかアクセスできない。

ここでの解決策となるのが、国際標準だ。CSPは、これまで世界規模のプラットフォーム・ソリューションや国際標準を共同で立ち上げることにあまり成功してこなかったが、今後は1、2程度の国際標準に基づいて連携することが不可欠になる。たとえば、グローバルなGSM通信規格の合意が形成された際など、かつてCSPは自社だけでなくユーザーや社会にとっても大きな価値を生み出した。彼らは、再び同じことを行なう必要がある。

なぜ、家庭用アプリケーションでは不十分なのか

これまでのところ、多くの通信事業者がホームオートメーション・アプリケーションを用いて、家庭向けの戦いに勝とうとしている。コムキャストのiコントロール（iControl）やドイツ

テレコムのキビコン（Qivicon）は、初期の成功例だ。[7] iコントロールには、DIY型のホームセキュリティソリューションを他の大部分の製品よりも安価に提供できるという利点があった。しかし、どのような観点から見ても、このアプローチの利点をさらに発展させる必要があった。

スマートフォンの場合と同様に、家庭においても、ユーザーが特定の目的を達成できるようにするためだけのアプリではなく、日々の生活をより良くし、サポートしてくれる無数の小さなサービスが必要とされている。それと同時に、独創的な開発者たちが生み出す継続的なイノベーションの流れも求められる。

第2章では、8つの異なるユーザーのマインドセットとフューチャーホームのニーズの多様化について解説した。1つのアプリだけでこれらのニーズのすべてに対応し、さまざまなユーザー層の関心を維持できるとは考えにくい。CSPは、いまでも独自のアプリケーションを提供することができ、確実にそうするだろう。

しかし、同時に、サードパーティーがフューチャーホームのユーザーに独自のサービスを提供できるように、APIを提供する必要がある。これは、CSPが複数のコントロールポイントを獲得し、データを生成し、そのデータをCSP、エコシステム・パートナー、ユーザーのすべてに価値をもたらす取引可能な資産に変えるための道となるだろう。

パートナー企業に収益をもたらすもの

すべてのエコシステム・パートナーは、CSPが理解し、調整する必要のある異なる利害関係を持っている。ここでの重要な課題は、すべてのパートナーに対して参加へのインセンティブを提供するために、マネタイズの方法を再検討することである。

一部のデバイスメーカーは、自社のデバイスを接続させることで新たな収益源が生まれるとは考えず、フューチャーホームにおける自社製品の関連性や魅力にしか興味がないが、他の業界パートナーはすでにサービス事業に参入しているか、少なくともハードウェア事業をビジネス全体の一部にしようとしている。その結果、自社でより幅広いサービスポートフォリオを構築し、ハードウェアを通じて革新的なサービスを家庭に提供したいと考えている企業もある。

開発者は、特定のプラットフォーム上で顧客体験を実現することだけでなく、リーチやマネタイズの機会を求めるだろう。サービスプロバイダーは、CSPがプラットフォーム機能を強化できるよう彼らのサービスを販売するか、CSPと協力して付加価値サービス（たとえば、家庭内のブロードバンド接続を強化するサービス、ファイアウォール、その他のセキュリティソリューション、顧客体験を向上させる特定のサービスなど）を家庭やコネクテッド・デバイスのメーカー、または業界パートナーに販売することを検討するだろう。

こうしたさまざまな種類のパートナーは、ＣＳＰと手を組んだ場合に実現できるスケーラビリティやリーチに基づいて、提携を判断することになる。また、彼らはフューチャーホーム・プラットフォームを活用して、サービス収益を容易に増やせるかどうかも評価することになるだろう。これらのグループの行動は、ＣＳＰのプラットフォームを利用した場合のリーチと、ビジネスを構築する際の利便性に大きく左右される。

ＣＳＰに期待される新たな収入源

サードパーティーへの訴求力は、ＣＳＰがユーザーに対して示すサービスのカタログが、どのような魅力や使いやすさを提供するかによっても大きく左右される。これにはＩＤ管理、サービス推奨、サービス提供に関連する付加価値サービス（通知、履行、保証、請求）、継続的な学習、使用状況からのフィードバックなどが含まれる。ＣＳＰがこれらのサービスに関する業界のベスト・プラクティスに対応できる場合にのみ、彼らはパートナーからの信頼を勝ち取ることができる。

したがって、プラットフォーム・オーケストレーターとしてのＣＳＰは、パートナーに多くの基本的サービスを提供することで、パートナーを惹きつけることができる。サードパーティーがプラットフォーム上でサービスを提供したい場合には、インフラのコントロールポイントを介して、ユーザーIDを管理することができる。ユーザーの行動を研究することで生み出される豊富なユーザーデータという資産のおかげで、エコシステムのパートナーにサービスを提案したり、サードパーティーが提供するサービスのために、サービスのフルフィルメントや保証、最適化を行なうコンポーネントを追加したりすることができる。そして、最後に、エコシステムのパートナーにユーザーからのフィードバックを提供することもできる。

現在、CSPは主にユーザーに対して接続性を提供するサブスクリプションサービスが収入源となっているが、フューチャーホームではこれらの補助的なサービスが新たな収入源になると考えられる。CSPをますます収益性の高いエコシステム・オーケストレーターに変えることとなるだろう。

本章のまとめ

1 アマゾンの成功の中心となっているのも多面的プラットフォームであり、これまで垂直統合でサイロ化を進めてきたCSPは、そうしたプラットフォームの利点を理解する必要がある。

2 インフラを提供するのではなく、データを公開・制御・管理することで、CSPは自社や信頼できるパートナーにとって、より高い利益率を実現する高度なフューチャーホーム・データ管理サービスを開発できる。

3 「壁に囲まれた庭」に居残っているCSPも、幻想に浸っているわけにはいかない。何らかの方法で改革を進める必要がある。CSPは関連性、拡張性、体験、信頼を基盤とするオープンなエコシステムのオーケストレーターになる必要がある。

第 8 章

機能するエコシステムの実現

5G以降のフューチャーホームがユーザーに受け入れられるには、関連する業界の大胆な再編が求められる。家庭内の技術における断片化という問題の他にも、さまざまなハードルが立ちはだかっている。最大のハードルの1つは、一向に解消されないデータのサイロ化だ。快適な顧客体験のためには、デバイス、サービスプロバイダー、ハードウェアメーカーおよび開発者の間で、データが妨げられることなく流れなければならない。制約で縛られたサイロを解消し、エコシステムに参加するそれぞれの企業が持つデータの権利や割り当てられた使用権を尊重しながら、共有する「データリザーバー（データの貯水池）」にデータを流し込むための十分なインセンティブがなければ、フューチャーホームをつくったとしても無駄だろう。中立的な業界の主導によって、中核となるデータ管理機関を構築することが解決策だ。

フューチャーホームの実現に不可欠なもの

フューチャーホームは、一定の条件下でのみ実現する。もっとも重要なのは、住宅のリソース（業界パートナーのコネクテッド・デバイスやサービス）を利用して、十分に満足のいく顧客体験を得ることだ。満足な体験があって初めてフューチャーホームの住人は、デジタルな生活の補助として、またそれぞれに合ったかたちで、それらのサービスを利用するだろう。

発展中の新技術がこれらの障害を大きく取り除くとしても、現状ではさまざまなハードルがあり、その実現は難しい。遅延が少なく、高速データ通信が可能な5G接続が段階的に導入されれば、多くの課題を解決すると予想される。

特に、時代遅れな大量の無線規格や現在の家庭用機器で接続している孤立したポイント・ツー・ポイントの設定といった問題は、解消されるだろう。つまり、5Gはフューチャーホームのソリューションにおけるエコシステムを進化させ、ユーザーに受け入れられるような卓越した顧客体験を実現する手助けとなるのだ。

一部のCSPは、すでに述べたコムキャストのXfinity Homeやテリアの「テリア・スマート・ファミリー」といった例に続き、ブロードバンド環境とメディアコンテンツを融合させながら、顧客体験やユーザー重視の考え方をもとにサービスを提供するだろう。たとえば、Xfinity Homeでは1つのアカウントに他のユーザーを6人まで招待できるという、家族の多い家庭にとって魅力的なサービスを提供している。前章で分析したように、CSPのなかには、さらに進んでプラットフォーム事業者へと変わるものもある。

では、このようなプロバイダーがユーザーと必要なパートナーの両方を惹きつけてプラットフォームを機能させるには、何をするべきだろうか？

住宅に組み込まれる「脳」の高度な知性

フューチャーホームのプラットフォームの成功に必要な要素を考えるには、まずこの超接続された住宅の環境が何を提供できなければならないのかを分析してみよう。

フューチャーホームは、デジタルな日常生活において、家庭というコミュニティとユーザー個人の双方をサポートする。現在の私たちの日常生活を中心で指揮する司令塔に当たるものはスマートフォンだ。将来は、個々のデバイスが私たちのデジタル生活を管理することは、ほとんどなくなるだろう。代わりにフューチャーホームが、自宅にいるときも、どこかへ出かけたときも、あくまで目立たず、しかし先回りして動くサービスを通じて私たちを先導する。フューチャーホームは、ユーザーを中心にして状況を理解し、幅広いサービスについて、私たちの代わりに提案や管理をする権限を持つ。

理想的には、フューチャーホームはユーザーが考えるよりも先にニーズを理解する。十分なハードウェアとソフトウェアからなる「脳」が組み込まれ、どのサービスやコネクテッド・デバイスが連携するべきか、どうすれば特定のユーザーにとって望ましい結果が得られるか、即座の判断が可能だ。間違いなく難しい仕事であるため、これを成し遂げるために、フューチャーホームにはユーザーの行動や考えを幅広いコンテクストで理解し、人間の意図や動きから学び、予測して確認できるほどの高度な知性がなければならない。

ここで、以下の比較的シンプルな家庭内での行動をシームレスで便利なものにするために、どれほど多くの異なるデバイス間のデータ通信が必要かを考えてみよう。

ある朝、フューチャーホームの住人が、時間通りに出勤しなければならなかったにもかかわらず、30分寝坊してしまった。有能なライフアシスタントとしてのフューチャーホームの仕事は、住人に朝のルーチンのいくつかを省略させ、行動を急がせることである。あるいは、いつもより速い交通手段を見つけるなどして、その住人を時間通りに仕事に向かわせることだ。

フューチャーホームがやりくりする朝のルーチンは、バスルームを使う、その日の服装を選ぶ、ブリーフケースに持ち物を用意する、朝食を食べる、タクシーを呼ぶ、職場への最短ルートを考えるなど、他にもたくさんのタスクがある。それらのすべてが、到着時間を遅らせたり、早めたりする原因になり得る。

フューチャーホームのエコシステムがユーザーにとって真に役立つためには、複雑で大量かつ互いに関連があったりなかったりする問題を、すべて一度に解決しなければならない。たとえば、フューチャーホームは「時間通り」が実際に何を意味するかを理解する必要がある。それは、決まった時刻なのか、それとも特定の日のユーザーのスケジュールにある最初の会議のことなのか？　さらに、フューチャーホームはカレンダーも理解しなければならない。さまざまな交通のオプションやそれを利用する方法も知る必要がある。そして、フューチャーホームは朝のすべてのルーチンをシームレスな1つの流れとして最適化できることが必須だ。

エコシステムに求められる5つの性能

このように、連携する一連の出来事やデバイスの機能を納得のいく顧客体験に落とし込むことは、控えめにいっても、非常に野心的なことだ。

第1に、すべてのデバイスやサービスに対する円滑でシームレスな接続性が要求される。5Gにより、接続性とサービス検出は向上するだろう。しかし、前章の終わりで述べたように、

CSPはフューチャーホームを可能にする多岐にわたるサービスをすべて提供しなくてはならない。注意すべき点として、フューチャーホームはデバイスを接続するだけでなく、外部の既存のウェブサービスやアプリケーションと連携させ、そして多くのサービスのなかで通信プロトコルの標準仕様であるAPIを自律的に管理できなければならない。

第2に、プラットフォームが先回りして動くには、ユーザーの行動や計画の前後関係、それらの意味を理解しなければならない。そのためには、どのサービスやコネクテッド・デバイスがユーザーの意図や習慣を解釈するのに役立つかを知る必要がある。

このようなシステムは、多数のサービスやコネクテッド・デバイスの機能を検索し、サービスやデバイスの応答に影響を与え得る情報（交通手段の選択に影響を与える交通情報など）を状況に合わせて確認できることが求められる。つまり、フューチャーホームはユーザーを取り巻くあらゆる事象を横断して、セマンティック検索ができる必要があるのだ。

第3に、フューチャーホームが一連の動きを真にシームレスにするためには、精巧なAIや機械学習による最適化の力が必要だ。第5章、第6章で概要を述べたが、フューチャーホームのエコシステムは、すでに経験からユーザーの意図を解釈できており、状況についての情報に基づいた提案内容も調整できている。

これにより、朝のルーチンのうち、どれの重要性が高く、どれが低いか理解できる――目覚めのコーヒーは欠かせないが、新聞の流し読みは省略して、時間を節約するため自動運転車に転送しても良いかもしれない。フューチャーホームは、これらすべての選択肢やシナリオを評価して、提案を考え出す。ユーザーが、ある1つの提案に賛同しない場合は、状況に合わせて次に最適な選択を提案する。

第4に、フューチャーホームはユーザー識別・認証について権限を持ち、すべての支払いまでを行なう。すでに概要を述べたが、データプライバシーとデータセキュリティは、フューチャーホームを戦略的に成功させるうえで要になるものである。フューチャーホームを動かすプラットフォームは、自宅で使われているコネクテッド・デバイスやサービスのすべてに安全にアクセスすることが求められる。フューチャーホームは、長い間に蓄積した知識や、あらかじめ設定したユーザープロファイルをもとに、ユーザー全員をそれぞれ識別し、認証できなければならない。

さらに、たとえばスマート冷蔵庫が1週間分の乳製品を新しく購入するときなどは、ユーザーの名前で支払いもする。これらすべてを行なうには、フューチャーホームがすべての情報源にアクセスし、それにともなってデータのプライバシー、安全性、倫理、セキュリティを完璧に管理しなければならない。他人に知られたくない個人情報が公開されるようなことは、絶対にあってはならないのである。どんなデータも、必要とされる目的以外に利用されないように、分散型台帳やブロックチェーンといった技術によるドキュメント管理が必要になるということだ。

最後に、フューチャーホームのエコシステムの課題となる第5のポイントは、第4のポイントと密接な関連がある。フューチャーホームのエコシステムでは、ユーザーに代わり、サービスへのアクセスや実行について、自律的に大量の判断が行なわれる。これは、ユーザーがこれらのシステムの動きを完全に信頼できなければ不可能だ。そのため、ユーザーが自分でプラットフォームの役割やアクセス権、使用権を設定できなければならず、またどの時点でもそれらの設定を取り消すことができなければならない。

サイロの中に埋もれるデータ

ここで重要なことは、5つのポイントで述べたタスクの処理や義務を果たすために必要なデータのすべてが、現状ではサイロの中に埋もれていることだ。

現在の状況では、フューチャーホームのプラットフォームは、コーヒーメーカーにすらアクセスできないだろう。携帯電話などのスクリーンにレコメンデーションを表示したり、デバイスに指示して相乗り通勤サービスを呼んだり、音楽のプレイリストを開いたり、Ｏｕｔｌｏｏｋ

で明日の仕事の予定を確認するなど、いうまでもなく不可能だ。データのサイロ化が解消されないということは、フューチャーホームがこのような複雑なシナリオに触れることがないため、多くの前後関係を理解しないことを意味する。つまり、ユーザーの行動に対する提案が、まったく的外れになってしまうのだ。

もっと悪いことには、このシナリオのために協力すべきエコシステムのパートナー候補の多くは、いまそれぞれのサイロにあるデータを出すように求められても、簡単には了承しないだろう。彼らは、まず彼らにとって実行可能なビジネスケースが担保され、その顧客体験が十分な収益につながるのか、彼らにとってどんなプラスがあるか、と尋ねてくるだろう。そのうえで、ようやくこのようなプラットフォームを実現する気になるかもしれない。

つまり、現段階で足りないのは技術やデータよりも、むしろ必要とされるさまざまな業界がデータを提供し、協力する気になるような商業的なフレームワークやインセンティブだ。これらを提供するには、異なるデータを理解して相互に運用する手助けとなり、エコシステムに参加するすべてのパートナーが利用できる共同のフレームワークの構築が欠かせない。このようなフレームワークは、アクセス権やユーザーの権利を管理し、データの所有権を保護し、データの抽象化や標準化を処理するツールを備えて、そのすべてを快適な顧客体験を通じて利益につなげなければならない。

前章では、ＣＳＰがどのようにビジネスモデルを進化させ、ユーザーや使用データの信頼できるゲートキーパーとなるか、そしてそれを利用してフューチャーホームのエコシステムを司る中心的存在になる方法を分析した。

しかし、データがサイロに埋もれたままでは、これらの努力は徒労に終わる。無数の通信プロトコルは独自の仕様を持ち、互いにやりとりができない。デフォルトの設定では、コネクテッド・デバイスは接続しているアプリケーションにのみデータを提供する。結果として、生活をサポートするために新たに開発されたアプリケーションは、住宅全体のデバイスの源である統合的なディープデータ・プラットフォームにアクセスすることができず、これを利用して新しいデバイスやサービスの開発、基礎的な情報を集めることはできない。最終的に犠牲となっているのは、最高の顧客体験だろう。

簡単にいうと、アプリケーションやデバイスが互いにやりとりできなければ、ユーザーの変化するニーズや状況に対する真の適応力や対応力は備わらない。本章の冒頭で述べた朝のシナリオや、さらに複雑なシナリオは不可能になる。

こうすれば、確実にビジネスは動き出す

データのサイロ化を解消するために、これまで数多くの試みがなされてきた。

たとえば、オープンソースコミュニティでは、エクリプス財団のような組織がエンジニアリングの専門家であるボッシュやドイツテレコムといった企業の協力を得て、ホームオートメーションプラットフォームのopenHABに関するオープンフレームワークを構築しようとした。[1]しかし、この規格は幅広い開発者グループから成功するに足るほどの十分な関心を得ることができず、失敗している。なぜだろうか？　これはプラットフォームなのだから、成功するはずではなかったのか？

たしかに、プラットフォームだからこそ、異なるデバイスの通信プロトコルを共通言語の枠組みに変換するが、実際にデバイス間での使用データ交換の中継はしないし、できないのだ。使用データの中継は、フューチャーホームのエコシステムのオーケストレーションと、良好な顧客体験を生み出すうえで、重要かつ欠かせないものの1つだ。[2]

その他の取り組みでも、クアルコムが開発したAllJoyn、その他数社がかかわる規格、そして標準化コンソーシアムのoneM2Mなどが、[3]規格を連携させ、接続対象のクラスの調和を図るよう試みてきた。しかし、これらもまた特段に成功しそうだとはいえない。ウェブ開発者たちは連携された規格を理解しないだろうし、アプリケーションのリソースとしてコネクテッド・デバイスを使用するために、これらのフレームワークを利用することは難しいと考えるだろう。

このように、データがサイロ化しているという業界の現状は、いまのところ変わりそうにない。大手インターネット企業のアップル、アマゾン、グーグルには専有のフレームワークがあり、フェイスブックも巨額を投資してサイロ化されたサービス手法によって、コネクテッド・デバイスのユーザーデータの関連付けを始めた。

究極的には、フューチャーホームの出現には、かかわる可能性のあるすべての人や企業が、それぞれの利益を原動力にして、ためらわずにともに努力するのが当然、という状況をつくり出す必要がある。やがて、大勢の人や企業を巻き込むフューチャーホームのエコシステムには数十億ドル規模の共通のビジネスチャンスがあり、これを逃すには惜しいと認識されれば、ゆっくりだが、確実にビジネスが動き始めるだろう。

インターネットに接続されていないデバイスたち

これまでに説明したものだけでなく、フューチャーホームのデータを広くシームレスに、全方向へ送受信させる第三の方法がある。

世界的なウェブ技術標準化団体のW3C（ワールドワイドウェブコンソーシアム）は、接続対象の統一定義を「things（モノ）」にするよう提案した。また、すべてのデバイスの機能をプロパティー、アクション、イベントの3つの要素に分ける。すべての家庭用機器は、この3要素で説明ができ、それぞれ識別できる。[4]

このような「原子モデル」の利点は、他のすべての通信規格やフレームワークをこの基本構成要素に分けることができ、それによって自宅のコネクテッド・デバイスやサービスから送信されるデータのロックを解除したり、調和を図ったり、選別する「普遍的な変換機能」を構築できることだ。他にも、標準化に向けた動きとして、oneM2Mはフューチャーホームのユニバーサル規格の作成に役立つ要件のリストを提唱している。

また、IoTアプリケーションを開発し、使用するためのコストやリスクを大きく低減させることも、価値のある提案だろう。その方法は、ローカルソフトウェアの対象としてのモノに対する「デジタルツイン」や、無数のIoT技術や規格を公開することにより、開発者をIoTの断片化から守ることだ。これは、モノ独自の識別子としてのURI（統一資源識別子）、豊富なメタデータ、セマンティックな記述も合わせて提供することで成り立つ。たとえば、「これは、ある部屋の温度を報告する温度計です」といった具合である。

この2つの取り組みを合わせれば、おそらく異なるデータ規格や通信プロトコルが抱える問題を解決できるが、現状ではまだ初期段階にすぎない。障害となっているのは、これらがいまのところ、主としてファーウェイ、シーメンス、そしてconnctd.comのようなスタートアップ企業の社内研究所で使用されているということだ。スタートアップ企業では、フューチャーホームのデバイスとサービスを現在のウェブアプリケーション開発と同等に、シンプルにつくるよう求めるW3Cの提案[5]に基づき、普遍的な変換クラウドプラットフォームを構築した。

しかし、これまでの進歩は限定的なものだ。本書の執筆時点でW3Cのモデルには261のメンバーしか参加していない。サイロ化を解消してフューチャーホームに必要なデータを自由に利用するには、とても十分とはいえない数だ。なぜ、このような取り組みの実現にそれほど時間がかかるのか？　主な課題は、いまだインターネットに接続されていない個々のデバイスがあり、その能力についての情報が大量にあることだ。

しかし、開発者たちはデバイスのデータを利用したアプリケーションやアルゴリズムをつくるために、それらの情報に触れ、理解する必要がある。何千種類ものデバイスやメーカーが共通規格のために協力しなければならない膨大な仕事だ。[6]

また、別の重要な問題として、現在の家庭のビッグデータの保持者たちにとって、貴重なデータを共通のフレームワークに提供しても良いと思えるような十分なインセンティブが存在しないことも指摘できる。もし、そうしたインセンティブに背中を押されれば、フューチャーホームの開発者たちはコネクテッド・デバイスに自由にアクセスし、自身のアプリケーションの入力ソースとして利用するだろう。現段階において、ウェブアプリケーションをつくる一般的な方法だ。

すでに成功への道筋は示されている

プラットフォームのパートナーたちもまた、本章の「朝、仕事に遅れそうな状況を回避する」というシナリオや、それ以上にたくさんあるフューチャーホームのタスクを実現する重要な要素である。

前章では、フューチャーホームのエコシステムを形成するために必要となるさまざまなパートナーたちを挙げた。まずは、新しいコネクテッド・デバイスのメーカーである。次に、防犯や家電、健康機器などの分野で家庭に製品やサービスを提供する既存の業界パートナーだ。新しく魅力的なアプリケーションを生み出す開発者コミュニティも挙げられる。そして、システム全体を動かし改善するサービスプロバイダーたちである。

これらのプレーヤーたちは、データだけでなく、仕組みも必要とするだろう。幸運なことに、そのような仕組みはすでに存在し、これから見ていくように、データ共有の促進にも役立つだろう。さまざまな業界のプレーヤーが集まってフューチャーホームのプラットフォームを形成する青写真を図8－1に示す。

図 8-1 ▶フューチャーホーム
——相互運用性のフレームワークと 6 つの指示原則

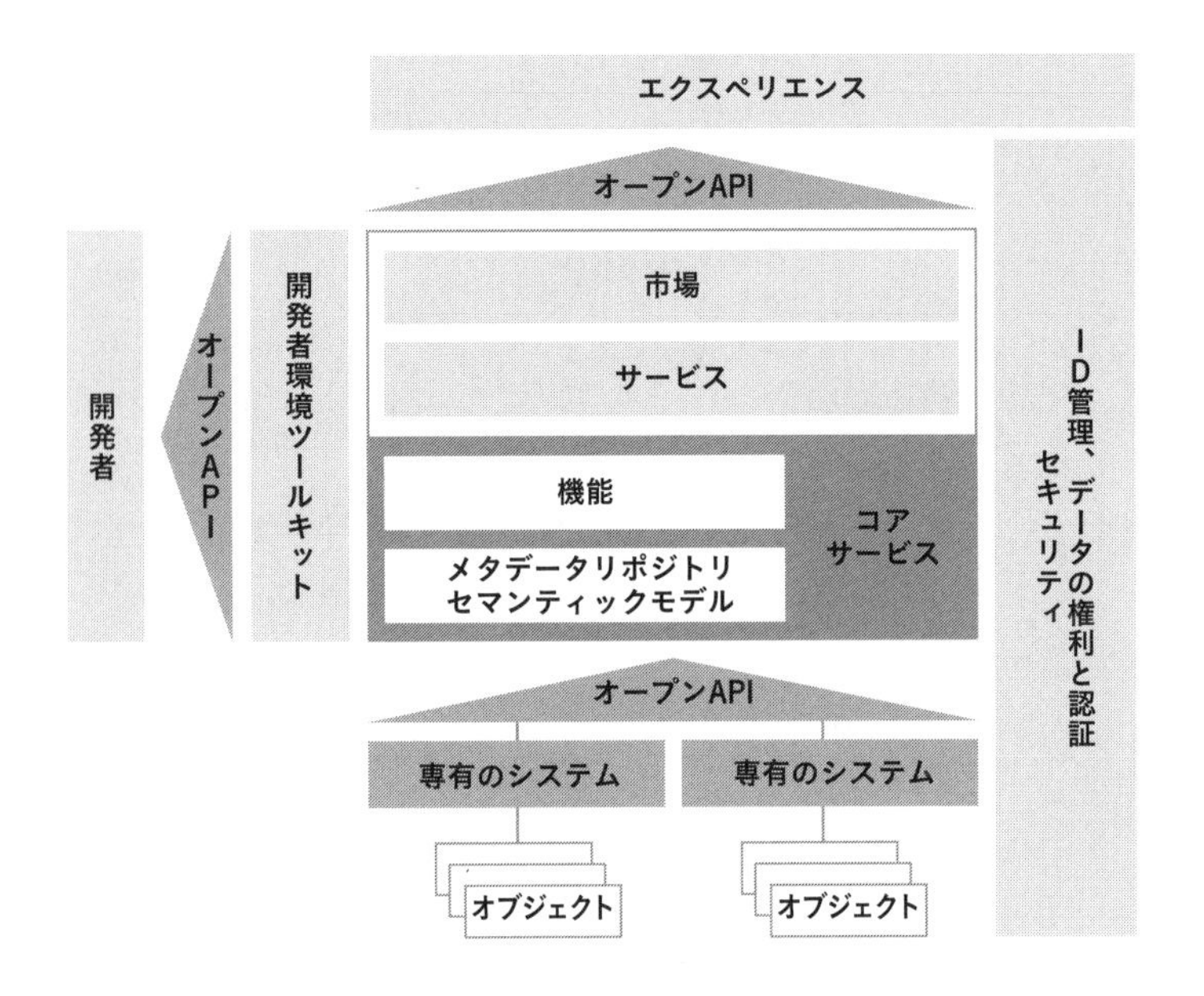

フューチャーホームを解放する 6 つの原則

1．フロントオフィスのデジタル化
2．バックオフィスの効率化
3．人材の育成と支援
4．製品開発のスピードアップ
5．テクノロジー・プラットフォームの再活性化
6．パーベイシブ・コネクティビティ層の実現

このフレームワークの中核として、メタデータのリポジトリとセマンティックモデルを置き、フューチャーホームのソリューションを形成するすべてのデバイスとサービスの相互運用性を確保する。その周囲には、既存のデータソースへのコネクターの作成を可能にするコア機能とコアサービスのセットを構築する。これらが、データの取得と正規化を管理し、データを解釈してクリーンアップし、データを扱うための適切なツールセットと管理レバーを提供する。

既存のフューチャーホームのエコシステムは、これらのコアサービスに直接、つなぐことができる。その周囲には、開発者たちがアプリケーションやサービスをつくるために必要なものを見つける標準的な領域として、いわゆる統合開発環境（IDE）やAPIがある。これには、サービス間のコンテクストやインタラクションを解釈するのに役立つセマンティック検索なども含まれる。また、このフレームワークの中核には、信頼を扱う仕組み、つまりセキュリティ管理、ID、認証、役割管理、アクセスと使用の権利が置かれる。

このコアプラットフォームの上に、さまざまな業界のサービスプロバイダーが自社のサービスを追加することができ、オープンAPIをインターフェースとする市場を通して、外の世界へアクセスできる。その上に、ユーザーと接点を持つためのシステム、そしてユーザーのエクスペリエンス層がある。

このフューチャーホームのエコシステムでCSPが重要な役割を果たすには、すでに第6章や図8―1で説明した価値を解き放つ6つの原則に沿って、CSP自身がエコシステムの効果的なオーケストレーターに生まれ変わる必要がある。

成功モデルとしてのSWIFT

このように、相互運用性のフレームワークで説明したすべての機能は、異なる事業体が実行する。唯一の例外は、コアサービスのデータプラットフォームで、これは金融機関が海外との取引や組織間での取引に使用するプラットフォームであるSWIFTのように機能する。

SWIFTは、ユーザーである銀行やその他の金融機関によって組織され、資金調達されており、拡張性が高く、パートナーは誰でも利用できる。これは良いモデルだ。なぜなら、CSPなどの単独のエコシステムパートナーがフューチャーホームのプラットフォームを所有したり、管理したりすれば、中立性が損なわれるからである。代わりに、W3C[6]や国際的業界団体のTM Forumなどの業界のコンソーシアム、オープンソースの財団、独立した組織の下にプラットフォームを置くという手立ても可能だろう。

重要な点として、このプラットフォームのリーチを広げて参加者の数を増やし、開発者コミュニティにとっての魅力を高めるためには、中立的であるだけでなく、適切なインセンティブが必要だ。これらの中立的な組織の多くは、現在、ベストプラクティスに沿って規格策定やフレームワークの構築を行なうことに注力しているが、彼らがエコシステム全体のソフトウェアを動かすコアプラットフォームの実際のオペレーターとなる必要があるだろう。

このようなプラットフォームは、参加するハードウェアメーカーやその他の業界パートナーが、それまでサイロ化していた蓄積データを提供することに価値を見出せるよう、彼らの利益を管理しなければならない。そのため、フューチャーホームのデータ使用について定めた協定を結び、データを提供するすべての参加者の利益を守ることが必要だ。

この協定は、共通のルールブックとして機能するもので、データの所有権の定義、データ使用やデータ永続性の検証基準、プライバシーやセキュリティの管理基準、役割管理のフレームワーク、アクセス権や使用権について記載する。そして、特に重要なことは、この協定書にデータ、ハードウェア、サービスを共同で収益化するフレームワークについても記載しておくことである。

積極的投資でインセンティブを生み出す

純粋に技術的な観点でいえば、コアプラットフォームはすでに存在する標準的な要素で構築することができる。現在、ユーザーが自宅で使っているスクリーン、アンビエント（環境に溶け込む）デバイス、音声対応デバイス、さらにこれから開発されるものも含め、すべてのデバイスがエクスペリエンス層を実現できるだろう。同じように、オープンAPI管理ツールをはじめ、ビジネスプロセスオーケストレーション、認証フロー、ポリシーやセキュリティ管理などのコンポーネントも、標準的な技術で構築可能だ。

しかし、このプラットフォームのアーキテクチャに含まれる一部の技術は、静的ではなく、その定義からすると非常に動的で、可変的な技術もあるだろう。たとえば、ルールエンジンやAI学習のアルゴリズム、認知的学習のアルゴリズム、機械学習のアルゴリズムなどは、常に進化している。ライフサイクル管理、収益化や支払いのソリューション、解析モデリング支援ツールなど、他の機能も同様だ。

そして、進化するもう1つの要素は、中核となるセマンティックデータのプラットフォームである。これは、時間の経過とともに「普遍的な変換機能」に入力される情報が増え、理解される情報も増えていくために、成長せざるを得ない。

開発者コミュニティの関心を惹き、提供するものを使って新しいアプリケーションやサービスを具体化させるには、力を合わせることが必要だろう。そのため、CSPは積極的に投資して、エコシステムパートナーたちが共同作業を始められるようなインセンティブを生み出し、フューチャーホームにかかわるスタートアップ企業やベンチャー企業を立ち上げなくてはならない。

フューチャーホームの先導役となるために

これまでに説明したように、フューチャーホームは信頼性、安全性、倫理観、確実性のうえに成り立つがゆえに機能する。フューチャーホームは、日々、極上の顧客体験を生み出し、その積み重ねが信頼できるパートナーとして、さらに快適な顧客体験を提供するだろう。

ＣＳＰは、これまでの役割と新しいプラットフォームビジネスをうまく融合させるという難しい問題を解決できれば、先導的な立場になっていくだろう。ＣＳＰは、現在のネットワークを分離してパーベイシブ・ネットワークのコンセプトを実現し、新しい作業方法を採用し、新たなスキルや能力を構築することによって、自社が所有する技術全体をつくり変え、従来の顧客関係管理を重視したＩＴから、完全にユーザー中心のＩＴアーキテクチャへと転換しなければならない。

最後に、この市場に参入するさまざまなＣＳＰは、既存のユーザーを保持しながら、フューチャーホームのためのグローバルなデータフレームワークを共同で構築する必要がある。このようなフレームワークは、開発者がフューチャーホームのデバイスやサービスにアクセスし、相互運用性を高められると感じられるものでなければならない。それができなければ、CSPはフューチャーホームにユーザーの関心を集めて維持できるような、クリエイティブな人材や組織を集めるには至らないだろう。

本章のまとめ

1 データがサイロ化していると、学習し、適応し、予測するシステムが機能しないため、コンテクストのなかでの家庭生活を完全には理解できない。このため、良好な顧客体験が提供できない。

2 家庭に魅力的なサービスを提供するためには、エコシステムのパートナーたちすべてが接続できる共有のデータリザーバーをつくることが必須だ。

3 フューチャーホームのデバイス間に存在するデータサイレンスを克服するため、中核に置く相互運用のプラットフォームは、単独の企業ではなく、業界全体で管理するべきだ。

第9章

フューチャーホームへの道

本書では、フューチャーホーム自体が私たちのニーズを学び、適応し、予測するという、パラダイムシフトの構図を説明してきた。それは、もはや屋根と壁で囲われた従来の住宅ではない。フューチャーホームは、どこにいても我が家でくつろいでいるような感覚を私たちに与えるだろう。

この「どこでも自宅になる」コンセプトには、新しいチャンスや体験の可能性が無限に潜んでいる。それが実現したときの様子や、それを可能にする5Gを中心とした一連の新技術を概説した。また、この巨大なビジネスチャンスを利用するために、企業が採用すべき新構造について検討し、フューチャーホームのデバイスやサービスを支えるプラットフォームを運用するための最適な存在として、通信サービスプロバイダー(CSP)を位置付けた。

この最終章では、フューチャーホーム市場に参入し、高収益をもたらすエキサイティングな未来をつかもうとする企業のために、ガイドとして参照できるよう、本書を要約しながら振り返る。

先回りして行動する住宅

すでに明白だが、デジタル化されたフューチャーホーム5Gは、現在のコネクテッド・ホームの次の段階ではなく、もっと高度なものだ。高度なエコシステムが生み出すフューチャーホームは、住人に高品質の日常サービスを提供する。この点で、広範なハードウェア製品業界およびサービス業界にとって、フューチャーホームは大規模な新規ビジネスと成長の機会になる。

新しい世界は、すでに形成されつつある。現在のコネクテッド・ホームをサポートするデバイスは数が限られており、その大半は互いに通信することが難しい。しかし、フューチャーホームでは、数千とはいわずとも、数百ものデバイス、アプリケーション、サービスが含まれており、そのすべてが実質的にデータを共有し、優れた顧客体験を提供するという共通の目的を持って連携する。このシームレスな環境は、住人が物理的な空間としての住宅から離れても追跡し、どこにいてもニーズを予測し、毎日の習慣を実行させる。

無線規格の5Gとそれを補完する一連の新技術は、このように先回りして行動する新しい住環境を実現する大きな要素になるだろう。eSIMフォーマットにより、どんなに小さなデバイスでもデータ通信ができるようになる。エッジコンピューティングにより、最低限の遅延時間でのデータ処理が可能になる。セマンティックな相互運用性により、接続したモノとサービスの交信が可能になり、ウェブ開発者たちはユーザーが抱える現実的な問題へのソリューションを提供できるようになる。そして、AI、機械学習、高度なデータアナリティクスにより、フューチャーホームは高度に先回りして「考え」、行動できるようになるだろう。

しかし、これらすべてを動かすのは、ユーザーのニーズだ。フューチャーホームで暮らしたいと考える人は、ありきたりで画一的なアプローチではなく、具体的に自分の生活が向上すると感じなければ、最終的に多額のお金を支払おうとは思わないだろう。このユーザー中心の考え方は、フューチャーホームのエコシステムに参加するすべての企業が守るべき厳しいガイドラインである。高い品質が維持され、すべての面でユーザーの信頼を得られる場合にのみ、このコンセプトが実現する。

2030年の日常生活とは？

本書の冒頭で、早ければ2030年にはどのような生活が実現しているか、その例として5Gを利用したフューチャーホームで暮らす男性の一日を追った。目覚めた瞬間から、食事、通勤、仕事、余暇の時間まで、多数のデバイスが彼の生活を助けている。窓、カーテン、掃除機、サーモスタット、コーヒーメーカーなどを含むこれらの一般家庭用製品は、ネットに接続されているだけでなく、ロボット化や自動化しているものもある。

私たちは、これらのデバイスがいかに連携し、フューチャーホーム自体が変化する状況に適応できるかを考察した。いつもの交通手段が利用できないときは、代わりの通勤ルートを提案し、それに合わせて男性の食事量をほんの少し調整する。また、住宅の概念は物理的な境界を越え、フリーアドレス制のオフィスでも居心地良くなじみのある空間にして、その後、仮想現実を通じて実際には遠くに住む母親と心を通わせるひとときをつくる。

マインドセットへの研究を深める

これまでの内容を踏まえて、私たちはフューチャーホームにつながる社会人口統計学的な要素を考察し、超接続されたライフスタイルを形成するメガトレンドを特定した。そのなかには、日常生活がすでにパーソナライズされ、最新の技術によって他人やモノとつながっている様子や、先端技術に囲まれて育ったミレニアル世代やZ世代が、フューチャーホームの発展を形成する様子などが含まれる。

これら若い世代の強い嗜好を反映して、フューチャーホームはＤＩＹ（Do It Yourself、自分でする）からＤＩＦＭ（Do It For Me、自分のためにしてもらう）の考え方に向かっている。ユーザーは、新しいデバイスやアプリケーションを接続したら、わずか数秒で、すぐに使用できるような容易な設定を望むだろう。しかし、また別の側面から見ると、人口の多くが高齢化することも大きな影響の1つで、デジタルホームヘルスケアのようなサービスの需要がおおいに高まるだろう。

同じ観点から、私たちはユーザーの主なマインドセットを特定して「理想型」「実務型」「先進型」「熟考型」に分類し、さらに「子どものいる人」と「子どものいない人」の組み合わせで定義した。企業は、これらのマインドセットを詳しく研究し、フューチャーホームの各ユーザーの行動を通じて、彼らを理解する必要がある。企業は、ユーザーを技術で先導しようとするのではなく、個々のライフスタイルに合わせて自社の技術を提供し、新しいニーズや嗜好が生まれれば、そのつど適応できるようにしなければならない。

乗り越えるべき断片化の壁

これらの分類をもとに、私たちはさらにある家庭の例を考察した。この家庭では、フューチャーホームは接続しただけですぐに使用できるデバイスやサービスを備え、育児を賢くサポートし、家族一人ひとりを理解して個別に対応し、家族全員の団欒の時間もつくる。

次に「エイジング・イン・プレイス」の例も考察した。エイジング・イン・プレイスとは、身体機能の衰えた高齢者でも療養施設に移ることなく、大切な時間を自宅で過ごすことを意味する。

この例では、多数のインテリジェントで相互運用や相互通信が可能な技術を導入し、住人に必要なケアを提供することで、普通の家がフューチャーホームになっていく様子を描いた。また、このような高齢者を遠くに住む家族がリモートで見守る場合に、あるフューチャーホームが別のフューチャーホームと頻繁に通信しなければならないことも示した。

続く第4章では、これまで高度なフューチャーホームが具体的に計画されながら、その実現を何が妨げてきたのかを検証した。簡単にいえば、コネクテッド・ホームの試みは断片化により失敗しているのである。断片化とは、さまざまなハードウエアやソフトウエアの規格、ポイント・ツー・ポイントのアーキテクチャ、プロトコル、無線規格の混じりあいに加えて、データが過度にサイロ化している状態をいう。

フューチャーホームの実現に向けて、その鍵を握るビジネスプレーヤーを通信サービスプロバイダー（CSP）、デバイスメーカー、ハードウエアメーカー、プラットフォームプロバイダー、アプリケーションプロバイダー、従来のサービス企業とし、彼らがなぜこれまで大きな障壁を乗り越えられなかったかについても検討した。その主な原因は、そうした企業が個々に活動してきたことである。効果的なエコシステムプラットフォームのなかで、互いに争わず、提携してこなかったことが断片化を招いたのだ。

彼らは、変化や連携の必要性に対して非協力的であったり、あるいは単に認識が足りなかったために、家庭でのデータサイレンスの状態をつくり出してきた。このため、いまに至るまでデバイスやサービスはデータの共有ができず、いわゆるシームレスな顧客体験や、本書の最初に描いたような超接続された家庭生活が提供できなかったのである。

ユーザーからの信頼が意味するもの

セルラー方式の技術の最新世代である5Gは、何をもたらすのか？　前世代の技術と比べて5Gは飛躍的に進歩し、通信の高速化、遅延時間の低減、より強固なセキュリティを可能にする。特に、重要なことは5Gが一度に10倍のデバイス、つまり1平方キロメートル当たり約100万個のデバイスを扱えるということだ。膨大な数のデバイスを必要とするフューチャーホームにとって、これは必須の処理能力である。この点だけでも、5Gという革新的な技術がいかに巨大なビジネスチャンスをもたらすかは明らかだ。

5Gネットワークでは、Wi‐Fiやその他のプロトコルと違い、現在の携帯電話がセルラー方式のネットワークにつながるように、デバイスが自動的にネットワークにつながる。このため、デバイスを接続しただけですぐに使用できるような状態を望むユーザーのニーズに合っている。これにより、最終的にはデバイス間の相互運用性を確立し、現在のコネクテッド・ホームのデバイス、データ規格、接続規格がごちゃ混ぜになっている状態を一掃し、料金を支払う価値のある高品質なホームサービスへの扉を開くだろう。

しかし、急速に発展するフューチャーホーム市場に注目する企業にとって、むしろここから挑戦が始まる。フューチャーホームのパラドックスは、多数の関係者間でユーザーの個人情報をやりとりしながら、その安全性やプライバシーを守らなければならないことにある。これに関連して、フューチャーホームのAIは私たちの行動を学習しなければならないが、個人情報を不適切に使用したり、私たちの意思に反して動いてはならない。

そのため、フューチャーホームにおけるエコシステムのオーケストレーターは、管理の範囲内で個人情報を制約なくやりとりできる状態を確立しつつ、個人情報をその範囲内にしっかり格納して、不正使用や誤用を絶対に許さない状態を維持しなければならない。その点で、家庭の接続設定に関して完璧なセキュリティを提供し、ユーザーから長期にわたる厚い信頼を得てきたCSPは、フューチャーホームのオーケストレーターとして、またプラットフォームの管理者として、名乗りを上げるにふさわしいと私たちは考えている。

CSPに求められる大胆な変革

ユーザーからの長期的な信頼に加えて、さらに2つの要素がCSPをオーケストレーターとしてふさわしい立場にしている。それは、ユーザーとの良好な関係を維持してきた経験と、ミッションクリティカルなインフラを提供する能力だ。

しかし、CSPがオーケストレーターになるためには、ビジネス環境やバリューチェーンを根本的に変革する必要がある。組織の構造や文化を従来のヒエラルキー的なものからフラットなものへ、直線的なものからアジャイルなものへと変えなければならない。

こうした変革は、必然的にCSPの技術プラットフォームの改良や、フロントオフィスとバックオフィスの改善をともない、フューチャーホームを定義するものと同程度に高度化されたソフトウエアツールを効果的に埋め込むことになるだろう。従業員教育も不可欠で、この新しい世界で彼らが効果的に運用すべき、まったく新しいスキルを習得させなければならない。

さらには、常に変化するユーザーの需要に対応するため、製品開発にも迅速に取り組む必要がある。そして、もちろん、これらすべてを新しい接続層を使用して、1つに結び付けなければばならず、その接続層を可能にするのは他でもない5Gだ。

いまこそ必要な「賢明なピボット」

本書では紹介してこなかったが、アクセンチュアが名付けた「賢明なピボット」の考え方を用いると、この劇的な変化がよく理解できる。「賢明なピボット」は、既存の中核事業をデジタル化し、最新化したかたちで収益を維持しつつ、時代遅れのビジネスモデルから新規事業へ戦略的に大きく転換することを意味する。

第1に、既存の中核事業をデジタル技術の力を借りて再構築する。その主目的は、コストを削減して投資能力を拡大することだ。これにより、フューチャーホームを取り囲む新興サービスの市場で見られるように、組織全体で新規事業に乗り出すことができる。

第2に、このような新規事業への転換は注意深く進めなければならない。中核事業の失敗は許されず、組織の安定のためには成長し続ける必要がある。新しいビジネスモデルが望ましい成果を挙げるまでには、当初の予定よりも時間を要することが多いと考えれば、なおさらだ。

第3に、新しいフューチャーホームの市場に参入するためには、「最初から良いものを」から「早く失敗して学ぶ」へのパラダイムシフトが必要になる。少し試しては失敗し、さらに試行錯誤を重ねる。

フューチャーホームのエコシステムのような長期的な枠組みのなかでは、一夜にして適切な役割を見つけて収益性のある環境をつくるようなことは不可能だ。しかし、特定のアプローチに収益化の兆しがあれば、素早く規模を拡大するべきだ。フューチャーホームは、エンドユーザーサービスである。したがって、サービスの一部がユーザーの好評を得ることもあれば、部分的に飽きられたりもするだろう。このため、サービスが受け入れられている間に、それを最大限、活用することが賢明だ。つまり、フューチャーホーム市場に参入する正しい入口を見つけ、素早く拡大することが原則といえる。

この過程を通して、CSPは旧来のように画一的なインフラを単に統合させるのではなく、多面的プラットフォームを運用し、フューチャーホームのエコシステムの中心で重要なオーケストレーターの役割を担うようになる。今後は、投資の対象を物理的なネットワークからソフトウェアへ切り替え、技術革新のパラダイムをエコシステムに位置付けて、従業員のスキルや能力をITやテクノロジーだけでなく、むしろ従来の営業、サービス、マーケティング部門によりいっそう振り向けるようになるだろう。

旧来のビジネスモデルは継続できない

一方、フューチャーホームにおけるエコシステムパートナーについても考えてみよう。

もちろん、エコシステムパートナーが提供するデバイスとサービスがなければ、ユーザーの関心を惹くことはできない。すでに明白だが、フューチャーホームにサービスを提供する機会は広範で、多様であり、エネルギー管理、健康、娯楽、Eコマース、ファイナンス、ヘルスケア、フィットネス、教育、通信など、学術的分野や経済的分野を超えて多岐にわたる。エッジコンピューティングやAIといった分野の技術的な専門家も、より必要になる。

また、このような膨大な要求事項を見れば明らかなように、CSPは自社が提供する通信接続への単なるアドオンとしてサービスを提供するという、旧来のビジネスモデルを継続することはできなくなる。このことからも、CSPがプラットフォームのオーケストレーターとなり、専門的なプロバイダーを抱えてますます拡大するエコシステムをオーケストレーションする役割を担うことが適している。この先駆者は、アマゾンのアレクサのようなデジタル音声アシスタントのプロバイダーだ。

フューチャーホームのプラットフォームは、エコシステムのすべてのコントロールポイント

（電話、クラウド、支払い、メッセージサービスなどを含む多数のデバイスやサービス）からデータを取得できるよう、システムを設計しなければならない。すでにこれまで見てきたように、各ユーザーに合わせたインテリジェントな顧客体験を生み出すために、そうしたユーザーデータの取得は不可欠なのである。ユーザーデータに基づいて、一貫して優れた顧客体験が提供できなければ、ユーザーの納得感は得られないだろう。

サイロ化の解消が利益を生む

エコシステムに必要なすべてのパートナーの関心を惹き、オーケストレーションするだけでも、大きな挑戦になるだろう。実現の鍵となるのは、自由に通信できるデバイスやサービスをつくるうえでの障害である、ユーザーデータの恒常的なサイロ化を解消することだ。ユーザーの個人情報を共有しなければ、エコシステム全体がユーザーのニーズを学び、適応し、予測することができなくなる。そうなれば、当然、フューチャーホームも実現不可能になる。

また、データはフューチャーホーム内で自由にやりとりされる必要があるだけでなく、複数のフューチャーホーム間でも、同様にやりとりされなければならないことも押さえておくべきだ。フューチャーホームは、住人がアクセスを望む多数の外部サービスとも自由に通信できなければならないのである。どこにいても、住人が我が家でくつろいでいるような感覚を得るためには、なおさらだ。

解決策は、関係するすべてのパートナーが接続できる共有のデータリザーバーをつくることだ。最後に、ユーザーデータの共有をためらうパートナーたちの理解を得るために、業界全体にかかわる中立的な存在が運用する、中核となる相互運用のプラットフォームをつくることを私たちは提案する。

岐路に立つＣＳＰ

フューチャーホームは、またとないチャンスだ。フューチャーホームへの移行にともなって生じる課題はたしかに膨大だが、プラットフォームのオーケストレーターになるべく挑戦しようとしないＣＳＰは、現実をしっかりと認識しなければならない。つまり、自ら先導して始めなければ、他者の後を追うことになる。

このパラダイムシフトは、ＣＳＰの意向にかかわらず、すでに始まっているのだ。従来の垂直的な統合モデルによる表面的なセキュリティをどれほど継続したいと思っても、今後は無理だろう。

しかし、フューチャーホームの出現はただの避けがたい問題ではなく、絶好のチャンスともいえる。5Gのようなシームレスなテクノロジーを提供し、相互運用性の障害となるものを排除し、ユーザーの信頼できるパートナーになれば、CSPこそフューチャーホームのエコシステムのすべての参加者に対して、成長とイノベーションの可能性を開く存在になれるだろう。アクセンチュア・ストラテジーが行なった、企業が得ている信頼感と業績の間の関係性を調べた研究によれば、通信業界において信頼感の大幅な増加は、売上高の0・3パーセント増、EBITDAの1・0パーセント増をもたらすという結果が出ている。[1]

CSPは、この信頼感に基づき、ユーザーが取り組む5Gによるデジタルトランスフォーメーションにおいて、ガイド、コンサルタント、パートナーとしての役割を果たすことができる。非常に信頼性の高いターンキー型のソリューションや補足サービスを共同で開発することで、さらなるユーザーの信頼を勝ち取ることも可能だ。

CSPが、意欲と展望をもって旧来のビジネスモデルから脱却し、新しいフューチャーホームのプラットフォームをオーケストレーションするならば、サービスを収益化する機会は飛躍的に増加する。ネットワーク効果を活かして、CSP自身が開発に携わらないアプリケーションやサービスからも、収益を得ることができる。そして、CSPは現代で最高に価値のある資産、つまり「データ」を膨大な量で扱う管理者になるだろう。

謝辞

本書は「フューチャーホーム」というアイデアについての本だ。まだ実現していないが、テクノロジーの進歩を考えれば、すぐに現実のものになることは間違いない。そうした期待から、世界中のさまざまな専門家が、技術的な観点から、あるいはビジネスや消費者へのマーケティングの観点から、「フューチャーホーム」がどのように実現するかを考え、戦略を練っている。そこで、この分野でビジネスを行なう企業に最適なアドバイスを提供するために、本書へのインプットを幅広く集めた。

本書は執筆者チームからスタートした。私たちはさまざまなバックグラウンドを持ち、さまざまな視点を持っている。「フューチャーホーム」をテクノロジーの観点から見る者もいれば、ビジネスの戦略から分析する者もいる。最終的に適切なバランスを取ることができたのは、業界の戦略家、技術者、意欲的な起業家、そして長年のクライアントとの幅広い協議の結果だ。さまざまな地域や業界から寄せられた彼らの情報は、私たちの分析、見解、結論を形成する上で重要な役割を果たした。すべての方々に、心から感謝したい。皆様のご協力があったからこそ、この本を実現することができた。

W3C（ワールド・ワイド・ウェブ・コンソーシアム）の「ウェブ・オブ・シングス」ワーキング

グループを率いるデイブ・ラゲット（Dave Raggett）、およびTMフォーラムのCEOであるニック・ウィレッツ（Nik Willetts）との議論は、通信業界におけるコラボレーションと標準化を促進する方法についての見解を整理するのに役立った。AT&Tのグレン・クーパー（Glenn Couper）、ジェフ・ハワード（Jeff Howard）、ケビン・ピーターセン（Kevin Petersen）、バーバラ・ローデン（Barbara Roden）は、消費者市場におけるテクノロジーに関する貴重な知見を提供してくれた。欧州電気通信事業者協会（ETNO）のCEOであるリーセ・フュール（Lise Fuhr）と、ディレクターのアレッサンドロ・グロペッリ（Alessandro Gropelli）は、私たちの戦略的思考に影響を与えてくれた。コネクテッド（connctd）の共同創業者であるアクセル・シュスラー（Axel Schüßler）、イエツ（yetu）のCTOであるジェイコブ・ファレンクルーク（Jacob Fahrenkrug）の見解は、プライバシー、セキュリティ、相互運用性に関してスタンスを形成するのに役立った。ドイツテレコムのクリスティン・クナックフース（Christine Knackfuß）とテルストラ（Telstra）のクリスチャン・フォン・レーヴエントロー（Christian von Reventlow）による、欧州におけるIoTフレームワークの構築に関する見識は、通信サービスプロバイダ分野におけるプラットフォームモデルの信頼性、経験、拡張性に関する私たちの分析を強化してくれた。オールボー大学のヘレ・ウエンツエル（Helle Wentzer）教授は、「フューチャーホーム」における医療に関する私たちの見解を磨いてくれた。NTTドコモの平石絢子（Junko Hiraishi）、久保賢生（Masao

Kubo）、森山光一（Koichi Moriyama）、仲田正一（Shoichi Nakata）、大迫陽二（Yoji Osako）、齊藤裕介（Yusuke, Luke, Saito）、田中佑弥（Yuya, Rex, Tanaka）、若園敦郎（Atsuro Wakazono）は、「フューチャーホーム」における新製品開発の進み方について、専門的に指導してくれた。

また、本書の実現に直接貢献してくれた、多くのアクセンチュア社員にも感謝したい。グレッグ・ダグラス（Greg Douglass）、マーク・ニックレム（Mark Knickrehm）、マイケル・ライマン（Michael Lyman）、アンディ・ウォーカー（Andy Walker）は、この新しいフューチャーホーム市場におけるビジネス戦略とテクノロジー戦略の検討をサポートしてくれた。ラジブ・ブタニ（Rajeev Butani）、サリム・ジャンモハメド（Saleem Janmohamed）、シルビオ・マーニ（Silvio Mani）、アンディ・マッゴーワン（Andy McGowan）、ジーン・レズニック（Gene Reznik）、ユセフ・ツマ（Youssef Tuma）、フランチェスコ・ヴェンチュリーニ（Francesco Venturini）、ジョン・ウォルシュ（John Walsh）からは、業界や「フューチャーホーム」の動向について貴重な意見や指導をいただいた。アフザール・アクタル（Afzaal Akhtar）、クリスチャン・ホフマン（Christian Hoffmann）、イムラン・シャー（Imran Shah）博士、ロバート・ウィッケル（Robert Wickel）からは、「フューチャーホーム」とその経済的可能性について、アンドリュー・コステロ（Andrew Costello）、テジャ・ラオ（Tejas Rao）、ヒロル・ロイ（Hillol Roy）、ピーター・シュー（Peters Suh）からは、5Gのビジネスモデルとテクノロジーの進化について、それぞれ意見をいただいた。さらにブライアン・アダムソン（Bryan Adamson）、サミール・アシュラップ（Samir Ahshrup）、マヤン・バトナーゲル（Mayank Bhatnagar）、キシャン・ブーラ（Kishan Bhula）、キャサリン・チュー（Katharine Chu）、ジョルジ・ゴメス（Jorge Gomez）、アーロン・ハイル（Aaron Heil）、ケビン・カピッチ（Kevin Kapich）、ケビン・カージャラ（Kevin Karjala）、ムザファー・クラム（Muzaffer Khurram）、ジョエル・モルゲンシュテルン（Joel Morgenstern）、ラム・ナタラジャン（Ram Natarajan）、アレクサンドラ・シピン・ラウ（Alexandra Sippin Rau）、エデュアルド・スアレス（Eduardo Suarez）、ケビン・ワン（Kevin Wang）らの専門知識も、5Gに関する考えをまとめることに貢献してくれた。またポール・バルバガッロ（Paul Barbagallo）、クレア・キャロル（Claire Carroll）、レイチェル・アーリー（Rachel Earley）、デビッド・ライト（David Light）、ローレンス・マッキン（Laurence Mackin）、イアナ・ヴァシレヴァ（Iana Vassileva）らが編集した調査報告書"Putting the Human First in the Future Home"[1]の作成に携わった、アクセンチュア・ドック、アクセンチュア・リサーチ、そしてアクセンチュア・インタラクティブの一部であるフィヨルドのチームにも感謝したい。

これだけの専門家の考えやインスピレーションを1冊の本に収めながら、一般のビジネス読者にも受け入れられるようにしたのは、アクセンチュアのマーケティングチームのおかげだ。カレン・ウルフ（Karen Wolf）、リアン・パンフィロン（Rhian Pamphilon）、ソニア・ドマンスキー（Sonya Domanski）に感謝する。またイエンス・シャデンドルフ（Jens Schadendorf）、タイタス・クローダー（Titus Kroder）、ジョン・モズリー（John Moseley）が持つコンテンツ開発、出版、執筆、編集の経験も大いに役立った。

「フューチャーホーム」の定義を明確にするためのエスノグラフィー調査のために自宅を開放してくれた、トム、ウィニー、イーサン、ジュリア、コナー・ポーレン（Tom, Winnie, Ethan, Julia and Connor Polen）に感謝する。またアクセル・ストラテジーのオファリング開発チームに所属するケイティ・ピーターソン（Katie Peterson）、ローラ・レヒト（Laura Recht）、サラ・ライヒ（Sara Reich）、そしてマーク・フリン（Mark Flynn）と彼のアクセンチュア・リサーチのチームにも謝辞を述べたい。

そして最後に、私たちのプロジェクトに永続的なコミットメントと信頼を寄せてくれた、本書の出版元であるコーガン・ペイジ（Kogan Page）のクリス・カドモア（Chris Cudmore）、スシ・ロウンズ（Susi Lowndes）、ナターシャ・トゥレット（Natasha Tulett）、ヴァネッサ・ルエダ（Vanessa Rueda）、ナンシー・ウォレス（Nancy Wallace）、ヘレン・コーガン（Helen Kogan）に感謝の意を表する。

しかし何よりも、私たちのすべての家族と友人たちの支援と激励に感謝したい。

ジェファーソン：母のスーザン・スメイ・チャン・ワン（Susan Sumei Chang Wang）と、亡き父のポール・ミンテー・ワン（Paul Mingteh Wang）に感謝を捧げる。彼らは私にすべてを試すように励まし、異なる視点を結びつける手助けをして、情熱を見つけるよう促してくれた。彼らが唯一私に強いたのは、忍耐を学ぶことだった。また、妻のベスと息子のジェファーソン・ポールにも感謝したい。彼らの無条件のサポートがあったことで、混乱を回避し、かけがえのない日々を過ごすことができた。そして、リーダーシップにおける創造的な解決策を見つけるよう、常に私を促してくれたマット・サパル（Matt Supple）博士に感謝する。彼は私に謙虚になり、明日のリーダーたちを助けるよう励ましてくれた。

ジョージ：妻のベッカ、そして子供たちであるリア、カタリーナ、ダニエルに感謝する。私を育て、これまでのキャリアを通じて支援してくれた家族である母のニナワ、亡き父のアブード、兄弟のファディ、ナダ、カミーユ、アマルも同様だ。皆さんの意見は、本書にも反映されている。そのことに感謝の意を表したい。

ボリス：あらゆる仕事においてそうだが、このようなプロジェクトでは特に、忍耐とサポート、そして率直で忌憚のない批評が重要になる。妻のルシンデ、娘のハンナとカタリーナは、そうした支援を十分に与えてくれた。それをありがたく感じている。

アモル：素晴らしい妻であるソナルと、娘のアリヤに感謝したい。ふたりは常にインスピレーションの源であり、私のすべての仕事に多大な貢献をしてくれた。また私は、いまの自分を実現する土台となってくれた、両親のウダイとサロイに永遠に感謝している。

日本実業出版社の本

下記の価格は消費税(10%)を含む金額です。

ファーウェイ 強さの秘密

任正非の経営哲学 36 の言葉

鄧斌 著／光吉 さくら 訳
楠木 建 監修
定価 2200円(税込)

小さな地方企業から30年で世界トップ企業に成長したファーウェイ。創業者兼CEOの任正非は、いかにして組織を率い、圧倒的な競争力を生み出してきたのか？　36の言葉をキーに強さの本質に迫る。

起業のファイナンス 増補改訂版

ベンチャーにとって一番大切なこと

磯崎哲也
定価 2530円(税込)

事業計画、資本政策、企業価値などの基本からベンチャーのガバナンスなどまで、押さえておくべき情報が満載。起業家はもちろん、起業家をサポートする人も絶賛する“起業家のバイブル”の増補改訂版。

デジタルマーケティングの定石

なぜマーケターは「成果の出ない施策」を繰り返すのか?

垣内勇威
定価 2420円(税込)

Twitterで話題のコンサルタントが、3万サイト分析×ユーザ行動観察のファクトをもとに、デジタル活用の「正解・不正解」を一刀両断。非効率なやり方を根こそぎ排除し、成果につながる定石を解説。

定価変更の場合はご了承ください。

ジェファーソン・ワン
アクセンチュアの通信・メディア・テクノロジー担当マネジング・ディレクター。約20年にわたり、通信、メディア、ハイテク業界のコンサルティングに従事。Mobile World CongressやCESの定例講演者で、CNNやMobile World Live TVにも出演する。IBBコンサルティングのシニアパートナーを経て、アクセンチュアに参加。アクセンチュアでは5Gにおけるグローバル共同リーダーを務める。メリーランド大学機械工学部卒業。

小林啓倫（こばやし　あきひと）
1973年東京都生まれ。経営コンサルタント。獨協大学卒、筑波大学大学院修士課程修了。システムエンジニアとしてキャリアを積んだ後、米バブソン大学にてMBAを取得。コンサルティングファーム、大手メーカー等で先端テクノロジーを活用した事業開発に取り組む。現在はコンサルタント業の傍ら、ライター・翻訳者としても活動する。著書に『災害とソーシャルメディア』（毎日コミュニケーションズ）、訳書に『データ・サイエンティストに学ぶ「分析力」』（日経BP）、『YouTubeの時代 動画は世界をどう変えるか』（NTT出版）など多数。

FUTURE HOME（フューチャー ホーム）
5G（ファイブジー）がもたらす超接続時代（ちょうせつぞくじだい）のストラテジー

2021年8月20日　初版発行

著　者　ジェファーソン・ワン、ジョージ・ナジ
　　　　ボリス・マウラー、アモル・パドケ
訳　者　小林啓倫
監修者　廣瀬隆治
発行者　杉本淳一

発行所　株式会社日本実業出版社　東京都新宿区市谷本村町3-29 〒162-0845
編集部　☎03-3268-5651
営業部　☎03-3268-5161　振　替　00170-1-25349
https://www.njg.co.jp/

印刷／厚徳社　　製本／共栄社

ISBN 978-4-534-05869-0 Printed in JAPAN

ジョージ・ナジ

アクセンチュアのシニア・マネジング・ディレクター。通信・メディア業界における戦略的ビジョンとオペレーションの実行を融合させる。経営者としての洞察力、グローバルなチームビルディング、そして25年以上にわたる組織やオペレーションの大規模変革に豊富な経験を持つ。アルカテル・ルーセントにてグローバル・カスタマー・デリバリー担当社長兼エグゼクティブ・バイス・プレジデント、ブリティッシュ・テレコムにてネットワークおよびITインフラストラクチャ担当社長を経て、アクセンチュアに参加。タルサ大学電気工学、コンピューターサイエンスの学士号と修士号取得。

ボリス・マウラー

アクセンチュアのヨーロッパにおける通信、メディア、およびテクノロジー業務担当マネジング・ディレクター。通信、メディア、テクノロジー業界におけるデジタルトランスフォーメーションに従事する。コネクテッド・ホームおよびリビングスペースの戦略開発を支援する。イノベーション、製品開発、ガバナンス、デジタルエコシステム、市場戦略に関する深い専門知識を持つ。IoTと人工知能分野の起業家でもあり、複数のスタートアップを設立し共同運営する。ボン大学経済学部修士号、マンハイム大学とトゥールーズの産業経済研究所(IDEI)で経済学博士号を取得。

アモル・パドケ

アクセンチュアの通信、メディア、テクノロジー業界担当マネジング・ディレクター。デジタルネットワークの変革、ネットワークの経済性と戦略、5G、SDN/NFV、クラウド、コネクテッド・ホームソリューションなど、あらゆる分野でCXOクライアントを支援する。Linux Foundation Networking(LFN)の理事も務める。20年以上のグローバルな業界経験を持ち、アルカテル・ルーセントにてアジア太平洋ネットワーク・プロフェッショナル・サービス事業のシニア・ディレクター、ブリティッシュ・テレコムにてIP & Dataグローバル「21世紀型ネットワーク」(21CN)プラットフォームのチーフ・アーキテクトを経て、アクセンチュアに参加。南カリフォルニア大学電気通信工学修士号を取得し、カリフォルニア大学ロサンゼルス校(UCLA)とシンガポール国立大学(NUS)にて、ダブルディグリーのエグゼクティブMBAを取得。

廣瀬隆治 (ひろせ　りゅうじ)

アクセンチュアのビジネス コンサルティング本部　ストラテジーグループ　通信・メディア プラクティス日本統括　マネジング・ディレクター。2004年、アクセンチュア入社。5Gを含め、長年に渡って通信・メディア業界を担当している他、幅広い業界においてAIやIoTを活用したデジタル戦略立案、オープンイノベーション推進を支援してきており、関連する記事執筆・講演も多数実施。東京大学工学部卒業、同大学院新領域創成科学研究科修士課程修了。

巻末注

第2章

1 IDC (2019) The Growth in Connected IoT Devices Is Expected to Generate 79.4ZB of Data in 2025, According to a New IDC Forecast [online] https://www.idc.com/getdoc.jsp? containerId = prUS45213219(archived at https://perma.cc/RNG6-HVJV)

2 Kosciulek, A, Varricchio, T and Stickles, N (2019) Millennials are willing to spend $5000 or more on vacation, making them the age group that spends the most on travel — but Gen Z isn't far behind, Business Insider [online] https://www.businessinsider.com/millennials-spend-5000-on-vacation-age-group-spends-the-most-on-travel-but-gen-z-isnt-far-behind-2019-4(archived at https://perma.cc/ERW6-GJ4M)

3 Searing, L (2019) The Big Number: Millennials to overtake boomers in 2019 as largest U.S. population group, Washington Post [online] https://www.washingtonpost.com/national/health-science/ the-big-number-millennials-to-overtake-boomers-in-2019-as-largest-us-population-group/2019/01/25/a566e636-1f4f-11e9-8e21-59a09ff1e2a1_story.html? utm_term=.2a3e1457f5e4(archived at https:// perma.cc/576G-9RJZ)

4 4 Tilford, C (2018) The millennial moment – in charts, Financial Times [online] https://www.ft.com/content/f81ac17a-68ae-11e8-b6eb-4acfcfb08c11(archived at https://perma.cc/ 3QX2-YDQE)

5 United Nations (2018) The world's cities in 2018 [online] https://www.un.org/en/events/citiesday/assets/pdf/the_worlds_cities_in_2018_data_booklet.pdf (archived at https:// perma.cc/ Y7BJ-2N6W)

6 Ibid

7 Fry, R (2018) Millennials are the largest generation in the U.S. labor force, Pew Research Center [online] https://www.pewresearch.org/fact-tank/2018/04/11/millennials-largest-generation-us-labor-force/(archived at https://perma.cc/7JZD-JYP5)

8 Tilford, C (2018) The millennial moment: in charts, Financial Times [online] https://www.ft.com/content/f81ac17a-68ae-11e8-b6eb-4acfcfb08c11(archived at https://perma.cc/3QX2-YDQE)

9 Ibid

10 Fuscaldo, D (2018) Home buying goes high-tech as millennials become largest real estate buyers, Forbes [online] https://www.forbes.com/sites/donnafuscaldo/2018/09/26/home-buying-goes-high-tech-as-millennials-

become-largest-real-estate-buyers/# 11a90e3b7774(archived at https://perma.cc/BU27-2HWN)

11 Accenture (nd) The race to the smart home: Why Communications Service Providers must defend and grow this critical market [online] https://www.accenture.com/_acnmedia/pdf-50/accenture-race-to-the-smart-home.pdf(archived at https://perma.cc/KKZ6-W7M5)

12 Ibid

13 Accenture(nd) The race to the smart home [online] https://www.accenture.com/t20180529T062408Z__w__/us-en/_acnmedia/PDF-50/Accenture-Race-To-The-Smart-Home.pdf(archived at https://perma.cc/9WGH-UUHW)

14 Accenture (2019) Millennial and Gen Z consumers paving the way for non-traditional care models, Accenture study finds [online] https://newsroom.accenture.com/news/millennial-and-gen-z-consumers-paving-the-way-for-non-traditional-care-models-accenture-study-finds.htm (archived at https://perma.cc/DA67-EZGY)

15 Ibid

16 The Council of Economic Advisers (2014) 15 economic facts about Millennials [online] https:// obamawhitehouse.archives.gov/sites/default/files/docs/millennials_report.pdf(archived at https://perma.cc/D5TK-PMAM) page 9, figure 4

17 Donnelly, C and Scaff, R (nd) Who are the millennial shoppers? And what do they really want? Accenture [online] https://www.accenture.com/us-en/insight-outlook-who-are-millennial-shoppers-what-do-they-really-want-retail(archived at https://perma.cc/C4X6-QKX3)

18 United Nations (2019) World population prospects 2019 [online] https://population.un.org/ wpp2019/DataQuery/(archived at https://perma.cc/3RX7-B22G)

19 AARP (2018) Stats and facts from the 2018 AARP Home and Community Preferences Survey [online] https://www.aarp.org/livable-communities/about/info-2018/2018-aarp-home-and-community-preferences-survey.html (archived at https://perma.cc/97WA-5FRM)

20 Accenture, based on United Nations World Population Prospects 2019 [online] https://population.un.org/wpp/(archived at https://perma.cc/95VL-U6LW)

21 University of British Columbia(2017) Using money to buy time linked to increased happiness, Eureka Alert [online] https://www.eurekalert.org/pub_releases/2017-07/uobc-umt072017.php(archived at https://perma.cc/QX66-938C)

22 Accenture(nd) Putting the human first in the Future Home [online] https://www.accenture.com/_acnmedia/pdf-98/accenture-putting-human-first-

future-home.pdf(archived at https://perma.cc/7ZJD-Q677)

23 Ibid; https://in.accenture.com/thedock/futurehome/(archived at https://perma.cc/5VBH-KVGQ)

24 Ibid

25 Ibid

第4章

1 Accenture (nd) The race to the smart home: Why communications service providers must defend and grow this critical market [online] https://www.accenture.com/_acnmedia/PDF-50/Accenture-Race-To-The-Smart-Home.pdf# zoom = 50 (archived at https://perma.cc/NLD2-YGSD)

2 Oreskovic, A (2014) Google to acquire Nest for $ 3.2 billion in cash, Reuters [online] https://www.reuters.com/article/us-google-nest/google-to-acquire-nest-for-3-2-billion-in-cash-idUSBREA0C1HP20140113 (archived at https://perma.cc/5GGK-CLLF); Team, T (2014) Google's strategy behind The $ 3.2 billion acquisition of Nest Labs, Forbes [online] https://www.forbes.com/sites/greatspeculations/2014/01/17/googles-strategy-behind-the-3-2-billion-acquisition-of-nest-labs/# 79c2d20a1d45 (archived at https://perma.cc/TG6F-G265)

3 Schaeffer, E and Sovie, D (2019) Reinventing the Product: How to transform your business and create value in the digital age, Kogan Page, London

4 Accenture; すべてホームデポでの売価で、執筆当時の価格

5 Business Wire (2018) The smart home is creating frustrated consumers: more than 1 in 3 US adults experience issues setting up or operating a connected device [online] https://www.businesswire.com/news/home/20180130005463/en/Smart-Home-Creating-Frustrated-Consumers-1-3 (archived at https://perma.cc/XNF7-C42T)

6 Liu, J (2019) Many smart home users still find DIY products difficult to manage, asmag [online] https://www.asmag.com/showpost/28346. aspx (archived at https://perma.cc/D6R5-RA7L)

7 Accenture (nd) Putting the human first in the Future Home [online] https://www.accenture.com/_acnmedia/PDF-98/Accenture-Putting- Human-First-Future-Home.pdf# zoom = 50 (archived at https://perma.cc/4JVZ-ADU9)

8 Line 1: Cisco WiFi – https://www.cisco.com/c/en/us/solutions/collateral/enterprise-networks/802-11ac-solution/q-and-a-c67-734152.html (archived at https://perma.cc/K9PB-KCZY); Line 3: 3GPP Release 15 – https://

www.3gpp.org/release-15 (archived at https://perma.cc/ZG87-VJCA); Line 4: 3GPP LTE Specs – https://www.3gpp.org/technologies/keywords-acronyms/97-lte-advanced (archived at https://perma.cc/G5S8-E9ZT)

9 IEEE Spectrum (nd) 3GPP Release 15 Overview: 3rd Generation Partnership Project (3GPP) members meet regularly to collaborate and create cellular communications standards [online] https://spectrum.ieee.org/telecom/wireless/3gpp-release-15-overview (archived at https://perma.cc/5KGQ-DXRL)

10 Accenture; Global System for Mobile Communications (GSM) および3GPP standardsに基づく：

- 1G – Advanced Mobile Phone System, Nordic Mobile Telephone, Total Access Communications System, TZ-801, TZ-802, and TZ-803
- 2G – 3GPP Phase 1
- 3G – 3GPP Release 99
- 4G – 3GPP Release 8
- 5G – 3GPP Release 15

11 Vespa, H (2018) The graying of America: more older adults than kids by 2035, United States Census Bureau [online] https://www.census.gov/library/stories/2018/03/graying-america.html (archived at https://perma.cc/PE28-S246)

12 Arandjelovic, R (nd) 1 million IoT devices per square Km – are we ready for the 5G transformation? Medium [online] https://medium.com/clx-forum/1-million-iot-devices-per-square-km-are-we-ready-for-the-5g-transformation-5d2ba416a984 (archived at https://perma.cc/9TKK-N6BD)

13 GSMA (nd) What is eSIM? [online] https://www.gsma.com/esim/about/ (archived at https://perma.cc/YRC5-8NB2)

14 GSMA (nd) eSIM [online] https://www.gsma.com/esim/(archived at https://perma.cc/YRC5-8NB2)

第5章

1 Accenture (2018) How the U.S. wireless industry can drive future economic value [online] https://www.accenture.com/us-en/insights/strategy/wireless-industry-us-economy (archived at https://perma.cc/AN4Z-AXLF)

2 Accenture (nd) The race to the smart home, p. 10 [online] https://www.accenture.com/_acnmedia/pdf-50/accenture-race-to-the-smart-home.pdf (archived at https://perma.cc/Z7ZK-BGCB)

3 Whittaker, J (2018) Judge orders Amazon to turn over Echo recordings in double murder case, Techcrunch [online] https://techcrunch.com/2018/11/14/amazon-echo-recordings-judge-murder-case/ (archived at https://perma.cc/W7P6-5976)

4 Harvard Law Review (2018) Cooperation or resistance?: The role of tech companies in government surveillance [online] https://harvardlawreview.org/2018/04/cooperation-or-resistance-the-role-of-tech-companies-in-government-surveillance/(archived at https://perma.cc/T3G8-ZN3V)

5 Whittaker, Z (2018) Amazon turns over record amount of customer data to US law enforcement, ZDNet [online] https://www.zdnet.com/article/amazon-turns-over-record-amount-of-customer-data-to-us-law-enforcement/(archived at https://perma.cc/2MDN-X4BJ)

6 Accenture (2017) Cost of cyber crime study [online] https://www.accenture.com/t20170926t072837z__w__/us-en/_acnmedia/pdf-61/accenture-2017costcybercrimestudy.pdf (archived at https://perma.cc/Y88J-FRK3)

7 Pascu, L (2019) Millennials least likely to trust smart devices, Accenture finds, Bitdefender [online] https://www.bitdefender.com/box/blog/smart-home/millennials-least-likely-trust-smart-devices-accenture-finds/(archived at https://perma.cc/KX2B-2XF4)

8 Accenture (nd) Securing the digital economy [online] https://www. accenture.com/se-en/insights/cybersecurity/_acnmedia/thought-leadership-assets/pdf/accenture-securing-the-digital-economy-reinventing-the-internet-for-trust.pdf# zoom = 50 (archived at https://perma.cc/WWY7-VLVU)

9 Accenture (2018) Building pervasive cyber resilience now [online] https://www.accenture.com/_acnmedia/pdf-81/accenture-build-pervasive-cyber-resilience-now-landscape.pdf# zoom = 50 (archived at https://perma.cc/5X68-A8RJ)

10 Ibid

11 Accenture (nd) Digital trust in the IoT era [online] https://www.accenture.com/_acnmedia/accenture/conversion-assets/dotcom/documents/global/pdf/dualpub_18/accenture-digital-trust.pdf# zoom = 50 (archived at https://perma.cc/W4HV-2AVS)

12 Accenture (2018) Gaining ground on the cyber attacker: 2018 state of cyber resilience [online] https://www.accenture.com/_acnmedia/pdf-76/accenture-2018-state-of-cyber-resilience.pdf# zoom = 50 (archived at https://perma.cc/3AVB-PH73)

13 Wi-Fi Alliance (nd) Certification [online] https://www.wi-fi.org/certification (archived at https://perma.cc/6ZZN-BHFZ)

14 Perkins Coie (1029) Regulating the security of connected devices: Are you ready? [online] https://www.perkinscoie.com/en/news-insights/regulating-

the-security-of-connected-devices-are-you-ready.html (archived at https://perma.cc/6B3C-HKUU)

15 Accenture (nd) Ready, set, smart: CSPs and the race to the smart home [online] https://www.accenture.com/se-en/smart-home (archived at https://perma.cc/KA9C-W2JZ)

16 Accenture (nd) The race to the smart home: why communications service providers must defend and grow this critical market, p. 6 [online] https://www.accenture.com/_acnmedia/pdf-50/accenture-race-to-the-smart-home.pdf (archived at https://perma.cc/Z7ZK-BGCB)

17 Accenture (nd) The race to the smart home: Why Communications Service Providers must defend and grow this critical market [online] https://www.accenture.com/_acnmedia/pdf-50/accenture-race-to-the-smart-home.pdf (archived at https://perma.cc/8JV8-LHAF)

18 Accenture (nd) Securing the digital economy [online] https://www.accenture.com/_acnmedia/thought-leadership-assets/pdf/accenture-securing-the-digital-economy-reinventing-the-internet-for-trust.pdf (archived at https://perma.cc/P7E8-3VNK)

第6章

1 Gleeson, D (2019) Smart home devices and services forecast: 2018– 2023, Ovum [online] https://ovum.informa.com/resources/product-content/smart-home-devices-and-services-forecast-201823-ces004-000076 (archived at https://perma.cc/G8RM-W736)

2 Accenture (2019) Reshape to Relevance: 2019 Digital Consumer Survey, p. 2 [online] https://www.accenture.com/_acnmedia/pdf-93/accenture-digital-consumer-2019-reshape-to-relevance.pdf (archived at https://perma.cc/7GUJ-GZ3F)

3 Accenture (nd) The race to the smart home: why communications service providers must defend and grow this critical market, p. 9 [online] https://www.accenture.com/_acnmedia/pdf-50/accenture-race-to-the-smart-home.pdf (archived at https://perma.cc/Z7ZK-BGCB)

4 Accenture (2018) Accenture to help Swisscom enhance its customer experience [online] https://newsroom.accenture.com/news/accenture-to-help-swisscom-enhance-its-customer-experience.htm (archived at https://perma.cc/S89N-DSZQ)

5 Wilson, C (2017) CenturyLink using AI to boost sales efficiency, Light Reading [online] http://www.lightreading.com/automation/centurylink-using-ai-to-

boost-sales-efficiency/d/d-id/735575 (archived at https://perma.cc/87XG-TRQD)

6 Cramshaw, J (nd) AI in telecom operations: opportunities & obstacles, Guavus [online] https://www.guavus.com/wp-content/uploads/2018/10/AI-in-Telecom-Operations_Opportunities_Obstacles.pdf (archived at https://perma.cc/5G98-PAC4); Hopwell, J (2018) Mobile World Congress: Telefonica launches Aura, announces Movistar Home, Variety [online] https://variety.com/2018/digital/global/mobile-world-congress-telefonica-aura-movistar-home-1202710220/(archived at https://perma.cc/VX6G-MBNE)

7 Accenture (nd) Intelligent automation at scale : what's the hold up? p. 5 [online] https://www.accenture.com/_acnmedia/pdf-100/accenture-automation-at-scale-pov.pdf (archived at https://perma.cc/N23G-E2Q2)

8 Accenture (nd) Future ready: intelligent technology meets human ingenuity to create the future telco workforce, p. 8 [online] https://www.accenture.com/_acnmedia/pdf-93/accenture-5064a-future-ready-ai-pov-web.pdf# zoom = 50 (archived at https://perma.cc/5KU2-4MVC)

9 パーベイシブネットワークについて、詳しくは次のURLを参照：https://www.accenture.com/_acnmedia/pdf-81/accenture-network-capturing-promise-pervasive-pov-june-2018. pdf# zoom = 50 (archived at https://perma.cc/X7ZH-DML4)

第7章

1 Weidenbrück, M (2017) Hello Magenta! With Smart Speaker, your home listens to your command, Telekom [online] https://www.telekom.com/en/media/media-information/consumer-products/with-smart-speaker-your-home-listens-to-your-command-508276 (archived at https://perma.cc/959R-2BN2); Orange (2019) Orange launches the voice assistant Djingo to make its customers' everyday lives easier [online] https://www.orange.com/en/Press-Room/press-releases/press-releases-2019/Orange-launches-the-voice-assistant-Djingo-to-make-its-customers-everyday-lives-easier (archived at https://perma.cc/DJX6-QGR4); Morris, I (2018) Djingo Unchained: Orange, DT take AI fight to US tech giants, Light Reading [online] https://www.lightreading.com/artificial-intelligence-machine-learning/djingo-unchained-orange-dt-take-ai-fight-to-us-tech-giants/d/d-id/748249 (archived at https://perma.cc/3KC7-JJN8)

2 Japan Times (2019) NTT Docomo to discontinue decades-old i-mode, world's first mobile internet service, in 2026 [online] https://www.japantimes.co.jp/news/2019/10/29/business/tech/ntt-docomo-discontinue-decades-old-

mode-worlds-first-mobile-internet-service-2026/#. XeOKfzNKg2w (archived at https://perma.cc/KUU9-B7WP); bnamericas (2017) Analysis: Why is Telefônica shutting down Terra? [online] https://www.bnamericas.com/en/news/analysis-why-is-telefonica-shutting-down-terra (archived at https://perma.cc/8P37-G7DD); manager magazin (2015) Ströer kauft T-Online, Telekom wird Großaktionär [online] https://www.manager-magazin.de/digitales/it/stroeer-kauft-t-online-a-1047997.html (archived at https://perma.cc/4FT6-2REB)

3 Lee, J (2019) Celebrating 100,000 Alexa Skills – 100,000 thank yous to you, Amazon [online] https://developer.amazon.com/blogs/alexa/post/c2d062ff-17b3-47f6-b256-f12c7e20f594/congratulations-alexa-skill-builders-100-000-skills-and-counting (archived at https://perma.cc/YAR2-45XP); Kinsella, B (2018) Amazon now has more than 50,000 Alexa Skills in the U.S. and it has tripled the rate of new skills added per day, voicebot.ai [online] https://voicebot.ai/2018/11/23/amazon-now-has-more-than-50000-alexa-skills-in-the-u-s-and-it-has-tripled-the-rate-of-new-skills-added-per-day/(archived at https://perma.cc/5NVC-LKX9)

4 Accenture (2018) Accenture to help Swisscom enhance its customer experience [online] https://newsroom.accenture.com/news/accenture-to-help-swisscom-enhance-its-customer-experience.htm (archived at https://perma.cc/S89N-DSZQ)

5 Telia (nd) Smart Family [online] https://www.telia.fi/kauppa/kodin-netti/smart-family (archived at https://perma.cc/BTP5-2KC7)

6 Dayaratna, A (2018) IDC's Worldwide Developer Census, 2018: Part-time developers lead the expansion of the global developer population, IDC [online] https://www.idc.com/getdoc.jsp? containerId = US44363318 (archived at https://perma.cc/G45A-7PB4)

7 Herscovici, D (2017) Comcast closes Icontrol acquisition and plans to create a center of excellence for Xfinity Home, Comcast [online] https://corporate.comcast.com/comcast-voices/comcast-closes-icontrol-acquisition (archived at https://perma.cc/33RM-ETVR); Qivicon [online] https://www.qivicon.com/en/(archived at https://perma.cc/H6E9-GUW6)

第8章

1 Eclipse (2018) Smart Home Day @Eclipsecon Europe 2018 [online] https://www.eclipse.org/smarthome/blog/2018/10/29/smarthomeday.html (archived at https://perma.cc/LJR6-YLGC)

2 Schüßler, A (2020) LinkedIn post [online] https://www.linkedin.com/posts/axel-schuessler-17406182_iot-developers-openhab-activity-6620611740122046464-bW4n/(archived at https://perma.cc/8J9U-TZH3)

3 Das, S (2016) IoT standardization: problem of plenty? CIO& Leader [online] https://www.cioandleader.com/article/2016/02/09/iot-standardization-problem-plenty (archived at https://perma.cc/352C-HM6X)

4 Web of Things working group [online] https://www.w3. org/WoT/WG/ (archived at https://perma.cc/24HE-7WCU)

5 Ibid

6 Ibid

第9章

1 Long, J, Roark, C and Theofilou, B (2018) The Bottom Line on Trust, Accenture [online] https://www.accenture.com/us-en/insights/strategy/trust-in-business(archived at https://perma.cc/D57X-RUXU)

謝 辞

1 https://www.accenture.com/us-en/insights/living-business/future-home (archived at https://perma.cc/PQ7L-XER4)